矿山三维激光空间感知技术及应用

张 达　杨小聪　陈 凯　编著

U0315609

北 京
冶 金 工 业 出 版 社
2022

内 容 提 要

本书系统介绍了不同种类三维激光扫描仪的结构、扫描原理、误差来源、国内外各种三维激光扫描仪的技术优势和特点、点云数据处理流程和方法、三维模型构建算法，并结合矿山具体工艺和实际场景，全面介绍了三维激光扫描仪在采空区探测、采场爆破设计优化等具体场景中的应用案例，内容丰富，实用性强。

本书可供三维激光扫描仪研发人员、测绘人员、矿山测量人员使用，也可供大专院校相关专业的师生参考。

图书在版编目（CIP）数据

矿山三维激光空间感知技术及应用/张达，杨小聪，陈凯编著. —北京：冶金工业出版社，2022.1

ISBN 978-7-5024-9024-9

Ⅰ.①矿… Ⅱ.①张… ②杨… ③陈… Ⅲ.①三维—激光扫描—应用—矿业工程—研究 Ⅳ.①TD679

中国版本图书馆 CIP 数据核字（2022）第 013886 号

矿山三维激光空间感知技术及应用

出版发行	冶金工业出版社	**电　话**	（010）64027926
地　址	北京市东城区嵩祝院北巷 39 号	**邮　编**	100009
网　址	www.mip1953.com	**电子信箱**	service@mip1953.com

责任编辑　郭冬艳　美术编辑　彭子赫　版式设计　禹　蕊

责任校对　李　娜　责任印制　禹　蕊

三河市双峰印刷装订有限公司印刷

2022 年 1 月第 1 版，2022 年 1 月第 1 次印刷

710mm×1000mm　1/16；12.75 印张；248 千字；193 页

定价 69.00 元

投稿电话　（010）64027932　投稿信箱　tougao@cnmip.com.cn

营销中心电话　（010）64044283

冶金工业出版社天猫旗舰店　yjgycbs.tmall.com

（本书如有印装质量问题，本社营销中心负责退换）

前　言

我国作为矿业大国，拥有数量众多的金属和非金属矿山，矿山现场环境恶劣、危险区域多、管理粗放，极大地影响了矿山作业的效率和安全生产，为了改善这种状况，目前大部分矿山正朝着设计三维化、开采智能化、生产规模化、管理精细化的方向发展，因此对矿山三维空间数据的需求十分迫切，而三维激光空间感知技术具有高精度、非接触、高速度、无损伤等特点，成为矿山三维空间数据获取的重要技术手段。本书围绕三维激光空间感知技术涉及的基本概念、三维激光扫描仪产品、点云数据处理流程、三维模型构建方法、矿山典型应用案例进行了系统阐述，本书共分6章：第1章主要介绍了矿山空间感知技术的意义，分析了矿山三维激光空间感知技术目前面临的挑战及发展现状，可使读者对矿山三维激光空间感知技术有初步了解。第2章主要对三维激光扫描系统进行了阐述，介绍了三维激光扫描测量的原理、三维激光点云静态构建方法、三维激光扫描点云动态构建方法、三维激光扫描误差及修正方法，可使读者对三维激光扫描系统有一个全面的认识。第3章主要介绍了矿山三维激光空间感知装备，详细介绍了典型的架站式三维激光扫描仪、钻孔式三维激光扫描仪、移动式三维激光扫描仪的产品性能、技术参数、适应范围等，使读者在实际选择一款合适的三维激光扫描仪时有所参考。第4章系统阐述了三维激光点云数据处理流程和方法，包括三维激光扫描点云数据的基本概念、数据处理流程、点云数据匹配方法、点云数据去冗方法、点云数据去噪方法、点云数据精简方法、点云数据分割方法、点云数据聚类方法，让读者对三维激光扫描仪形成的点云数据如何进行处理，具体使用哪些方法有深入的认识。第 5 章系统阐述了点云数据三维模型构建与处理方法，详细说明了 α-shape 三维重建法、基于 RBF 的点云三维重建法、基于 Delaunay 三角剖分的三维重建法、Marching Cubes 三维重建法、轮廓线三维重建法，并结合矿山实际数据进行三维建模效果说明，同时结合三维模型后续实际使用需求，系统阐述了三维模型基本运算、修复、渲染的原理。让读者清晰地知道应该使用什么方法把点云数据转换成三维模型，并对三维模型进行各种操作。第 6 章结合矿山的各种应用场景及实际需求，全面介绍了矿山三维激光空间感知技术在采空区探测、采场爆破优化与残矿回采、溜井扫描与治理、巷道掘进验收、露天边坡变形监测、岩体结构面智能识别与分组、料堆精细化盘料、数字矿山模型构建等方面的应用案例，让读者清楚知道矿山三维激光空间感知技术是如何具体应用于矿山实际需求的。

本书主要由张达、杨小聪和陈凯共同编写，由张达进行统稿，具体分工是：第 1 章由张达编写，第 2 章由杨小聪、庞帆、余乐文编写；第 3 章由王聪、陈凯编写；第 4 章由庞帆、陈凯编写；第 5 章由陈凯编写；第 6 章由张驰编写。石雅倩、王济农和研究生王紫临参与了全书的统稿整理和校订工作。

由于作者对矿山三维激光空间感知技术及应用知识掌握有限，书中不足之处，恳请广大读者批评指正。

作　者
2021 年 8 月于北京

目　录

1 绪　　论

1.1 矿山空间感知技术的意义

人口、资源、环境和灾害是社会经济发展的四个基本因素，也是关系人类生存与发展的四大基本问题。而矿产资源是发展国民经济、保障国家安全的物质基础。随着我国人口的持续增长、国民经济的高速发展，对矿产资源的需求也急剧增加。充分保障国家对于矿产资源的需求是矿山行业应尽的职责，为此我国开采了数量众多的金属非金属矿山，但是矿山现场环境恶劣、危险区域多、管理粗放，极大影响矿山作业效率和安全生产。为了改善这种状况，目前大部分矿山正朝着设计三维化、开采智能化、生产规模化、管理精细化方向发展，对矿山三维空间数据的需求十分迫切。

而矿山传统测量手段通常包括全站仪、水准仪、GPS 等，这些测量手段操作繁杂、风险高、数据少，很难满足矿山对三维空间数据方面的需求，具体表现包括：（1）传统测量手段操作复杂、测量效率低，比如使用全站仪进行测量时，需两人配合操作，包括架站、对中、整平、引点等操作；（2）传统测量手段操作风险高、人员工作量大，比如采场验收时，需测量人员携带全站仪进入采场工作，而采场存在浮石掉落伤人的可能；（3）传统测量手段获取的测量数据存在数据离散、数据量少，典型性不足、处理时间长等问题；（4）传统测量手段计算时间长、效率低、数据汇总滞后。

为解决传统测量手段在矿山三维空间数据获取方面存在的问题，需革新传统的测量手段。20 世纪 90 年代中期，国际上出现了一项高新技术，即三维激光扫描测量技术，该技术由于具有高精度、非接触、高速度、无损伤等独特技术优势，是目前获取矿山三维空间数据的一种有效技术手段，该技术手段可有效用于采矿作业的超爆欠爆定量评价、井巷工程及采场验收、矿石资源损失贫化分析、保有资源计算、矿山采空区调查与安全分析、边坡形变分析与监测、采矿溜井与井巷工程治理、数字矿山建设等，极大地提高矿山生产效率和安全作业水平，有效推动我国矿山朝着数字化和智能化方向发展。

1.2 发展现状及趋势

目前应用于矿山的三维激光扫描仪主要分为面向地上和面向地下的两种类

型。由于地表环境开阔、光线良好、能接收 GNSS 定位信号，因此面向地表的三维激光扫描仪目前较为成熟，面向地表的三维激光扫描仪根据工作原理不同可以分为无人机载三维激光扫描仪、车载三维激光扫描仪、架站式三维激光扫描仪。无人机载三维激光扫描仪主要有：RIEGL VUX-SYS 无人机载三维激光扫描仪、LiAir V 无人机载三维激光扫描仪、SKY-Lark 无人机载三维激光扫描仪；车载三维激光扫描仪有：RIEGL VMZ 车载三维激光扫描仪、HiScan-Z 车载三维激光扫描仪、SSW 车载三维激光扫描仪；架站式三维激光扫描仪主要有：RIEGL VZ-2000i 长距离三维激光扫描仪、FARO Focus S350 三维激光扫描仪、Z+F IMAGER 5016 三维激光扫描仪。

国内外公司、科研机构在面向地下的三维激光扫描仪研制方面也投入了很多人力、物力，已研制出多款面向地下矿山的架站式、钻孔式、手持式三维激光扫描仪。架站式三维激光扫描仪的典型产品有：矿冶科技集团有限公司研制的 BLSS-PE 矿用三维激光扫描测量系统、加拿大 OPTECH 公司的 CMS 采空区三维激光扫描仪等。钻孔式三维激光扫描仪的典型产品有：英国 MDL 公司的 C-ALS 钻孔式三维激光扫描仪。手持式三维激光扫描仪的典型产品有：英国 GEOSLAM 公司的移动式三维激光扫描仪 ZEB-REVO、意大利 GEXCEL 公司与欧盟委员会联合研究中心合作研制的移动式三维激光扫描仪 HERON 等。

其中，BLSS-PE 系统主要用于采空区、溜井等地下空间三维形态的高精度测量，但是该系统需要通过延长杆伸入到被测目标内部进行扫描，操作人员必须靠近采空区、溜井等区域，存在一定的安全风险。同时，如果采空区、溜井内部形态过于复杂或设备不具备架设条件，将只能获得部分区域的三维形态甚至完全无法实施测量。CMS 系统在国外矿山应用广泛，主要用于对可进入空区进行三维激光扫描，但是对于大范围民采未知空区、复杂的大型采场等应用扫描效果较差。C-ALS 系统主要对无法进入的地下空间通过钻孔进行三维形态测量，如露天开采境界下无法进入的空区、地下溶洞的探测，但是当存在遮挡物时，获取的三维形态将存在很大缺失等。ZEB-REVO 系统主要应用于地下巷道的三维空间扫描，但是对于人员无法进入的采场、空区、硐室无法扫描。HERON 系统与 ZEB-REVO 系统工作原理一样，而且 HERON 系统配备的激光雷达不能进行轴向旋转，扫描范围比 ZEB-REVO 系统小。

目前面向地下矿山测量需求的三维激光扫描仪，不管是架站式、钻孔式还是手持式三维激光扫描仪，由于受制于外形结构、工作原理、技术特点等原因，在存在遮挡区域、无法进入的地下空间、大范围测量区域都无法全面获取三维空间形态，导致通过传统三维激光扫描仪获取的地下矿山三维空间形态测量数据在测量精度、可信性和全面性等方面无法支撑工程评估和验收的需要。

为了有效地解决目前地下的三维激光扫描仪在测量效率、测量能力和工艺适用性方面的诸多不足，大幅提高地下复杂区域的三维空间形态测量效果，减少现场操作人员的安全风险，需要改变面向地下的三维激光扫描仪的工作模式。得益于无人机技术、多线激光传感技术、自主定位与成图技术、海量点云数据展示技术，一种能够在缺乏 GNSS 定位信号进行飞行扫描的地下无人机三维激光扫描仪是非常好的解决手段，目前矿冶科技集团有限公司的 BLSF 无人机载三维激光扫描仪和澳大利亚的 Hovermap 无人机载三维激光扫描仪正逐步成熟并推向市场。

2　三维激光扫描系统概述

2.1　三维激光扫描测量原理

2.1.1　激光测距原理

激光测距是将激光发射至被测物体表面，通过获取并分析反射信号的时间、相位或模式特征，计算与被测物体距离的一项技术。根据测距特征的不同，主要分为：脉冲式测距、三角式测距、相位式测距。

2.1.1.1　脉冲式测距原理

脉冲式三维激光扫描仪利用激光脉冲发射器周期地驱动一个激光二极管向物体发射近红外波长的激光束，然后由接收器接收目标表面反射信号，利用稳定的石英时钟对发射与接收时间差计数，确定发射的激光光波从扫描中心至被测目标往返传播一次需要的时间 t，又因为光的速度 c 是常量，所以可由公式（2-1）计算被测目标至扫描中心的距离 S。

$$S = \frac{1}{2}ct \tag{2-1}$$

脉冲式测距的优点是测量速度快，由于通过高峰值的激光进行测量，其抗强光的干扰能力非常强。脉冲式测距的缺点是测距分辨率提升难度大。

2.1.1.2　三角式测距原理

基于三角测距的基本原理是一束激光经光学系统将一亮点或直线条纹投射在待测物体表面，由于物体表面形状起伏及曲率变化，投射条纹也会随着轮廓变化而发生扭曲变形，被测表面漫反射的光线通过成像物镜汇聚到光电探测器的光接收面上，被测点的距离信息由该激光点在探测器接收面上所形成的像点位置决定。当被测物体表面移动时，光斑相对于物镜的位置发生改变，相应的像点在光电探测器的光接收面上的位置也将发生横向位移。借助电耦合器件（Charge-Coupled Device，CCD）摄像机获取激光光束影像，即可根据 CCD 内成像位置及激光光束角度等数据，利用三角几何函数关系计算出待测点的距离或位置坐标等信息。

三角式测距的优点：技术难度低，成本较低，在近距离测距时精度很高。比如工业用可以做到百微米测距精度。但缺点是它的精度会随着距离的增加逐渐变差，基本上没法与脉冲测距和相位测距相比。另外，因为 CMOS 相机必须要用一个连续的激光同步进行照明，它的平均功率相对来说比较低，抗干扰能力会非常强，这种测距方式一般适合室内近距离工作，而不适合在户外强光背景或者室内强光背景下工作。

2.1.1.3 相位式测距原理

此类系统将发射光波的光强调制成正弦波的形式，通过检测调幅光波发射和接收的相位移来获取距离信息。正弦光波震荡一个周期的相位移是 2π，发射的正弦光波经过从扫描中心至被测目标的距离后的相位移为 φ，则 φ 可分解为 2π 的整数周期和不足一个整数周期的相位移 $\Delta\varphi$，即有

$$\varphi = 2N\pi + \Delta\varphi \tag{2-2}$$

正弦光波振荡频率 f 为光波每秒的振荡次数，则正弦光波经过 t 秒振荡后的相位移为

$$\varphi = 2\pi ft \tag{2-3}$$

由式（2-2）和式（2-3）可解出 t 为

$$t = \frac{2N\pi + \Delta\varphi}{2\pi f} \tag{2-4}$$

将式（2-4）代入式（2-1），可得从扫描中心至被测目标的距离 S 为

$$S = \frac{c}{2f}\left(N + \frac{\Delta\varphi}{2\pi}\right) = \frac{\lambda_S}{2}\left(N + \frac{\Delta\varphi}{2\pi}\right) \tag{2-5}$$

式中，λ_S 为正弦波的波长；c 为光速。由于相位差检测只能测量 $0\sim 2\pi$ 的相位差 $\Delta\varphi$，当测量距离超过整数倍时，测量出的相位差是不变的，即检测不出整周数 N，因此测量的距离具有多义性。消除多义性的方法有两种：第一，事先知道待测距离的大致范围；第二，设置多个不同调整频率的激光正弦波分别进行测距，然后将测距结果组合起来。由于相位以 2π 为周期，所以相位测距法会有测量距离上的限制，测量范围数十米。由于采用的是连续光源，功率一般较低，所以其测量范围也较小。其测量精度主要受相位比较器的精度和调制信号的频率限制，增大调制信号的频率可以提高精度，但测量范围也随之变小，所以为了在不影响测量范围的前提下提高测量精度，一般设置多个调频频率，通常的测量精度达到毫米级。

相位式测距的优点：测距分辨率高，一般的相位测距仪都可以达到毫米量级分辨率。缺点是测量速度比脉冲测距慢，要把一个相位差测准，至少要做上几十甚至上百个周期，实际上就相当于把它的测量时间变相拉长，那么它的测量速度相对较低。此外，它的测量精度比较容易受到目标形状运动影响，如果在测量的

光斑里，两个目标一前一后，实际上它测出来的具体信息，是这两个目标距离的一个平均值，而不是前一个目标信息或后一个目标信息。

三种激光测距方法性能比较如表 2-1 所示。

表 2-1　三种激光测距方法性能比较

测距类型	测距精度	测量速度	测量范围	抗环境光干扰	成本
脉冲法	中	高	远	强	高
相位法	高	中	中	中	中
三角法	近高远差	低	近	差	低

2.1.2　三维激光扫描仪典型结构

2.1.2.1　两轴旋转式三维激光扫描仪

两轴旋转式三维激光扫描仪，以矿冶科技集团有限公司研发的 BLSS-PE 矿用三维激光扫描仪为例，该产品扫描主机包括一组激光发射/接收器、径向/轴向旋转电机、参考激光器、高精度倾角传感器、机械装置、电气接头、控制电路等。扫描主机外观结构如图 2-1 所示。

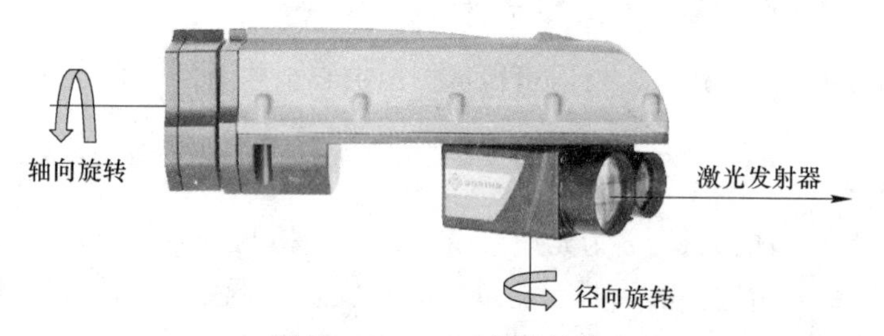

图 2-1　BLSS-PE 外观结构

矿用三维激光扫描仪主要有两种扫描模式，径向优先模式和轴向优先模式。在径向优先模式下，轴向电机转动一小角度后停止，径向电机连续转动 360°，然后轴向电机再转动一小角度，直至空间扫描完毕。在轴向优先扫描模式下，径向电机转动一小角度后停止，轴向电机连续转动 360°，然后径向电机再转动一小角度，直至空间扫描完毕。

2.1.2.2　棱镜旋转加轴旋转式三维激光扫描仪

棱镜旋转加轴旋转式三维激光扫描仪，以海达数云的 HS650i 高精度三维激光扫描仪为例，该产品扫描主机包括一组激光发射/接收器、三棱镜旋转电机、底盘旋转电机、双轴倾斜传感器、电池、WIFI、相机、数据存储单元等。扫描主机外观结构如图 2-2 所示。

激光器发射激光束，通过三棱镜旋转对竖直平面的目标进行扫描，然后再通过底盘的 360°水平旋转完成整个三维空间的精细扫描。

2.1.2.3　移动式三维激光扫描仪

移动式三维激光扫描仪，以意大利的 Heron lite 三维激光扫描仪为例，Heron lite 的扫描主机包括多线激光雷达、惯性测量单元及相机等，Heron lite 的扫描原理是将多线激光雷达和惯性测量单元传感器应用在背包平台或者手持平台并融合 3D 激光 SLAM 技术对三维空间进行连续的扫描。相机用于三维激光点云的着色和纹理映射。Heron lite 的外观结构如图 2-3 所示。

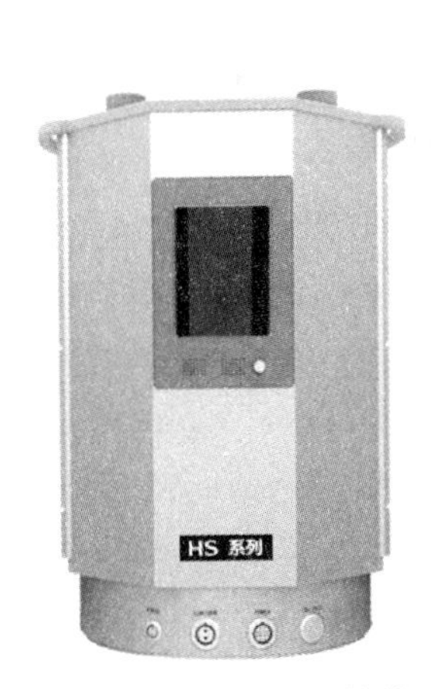

图 2-2　HS650i 外观结构

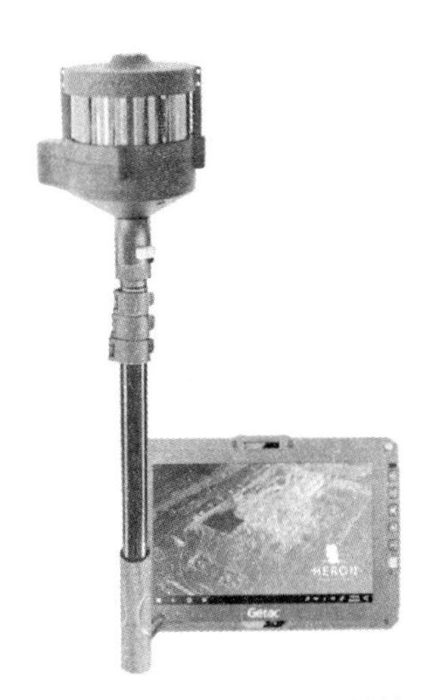

图 2-3　Heron lite 外观结构

移动式三维激光扫描仪有两种工作方式，第一种是实时处理，实时动态地构建周围环境的激光点云地图，第二种是离线后处理，首先利用多传感器采集周围环境的数据，然后对多传感器数据进行离线后解算，最后建立全部扫描区域的激光点云地图。相较于第二种离线后处理方式，第一种实时处理方式对嵌入式计算机的计算能力和 3D 激光 SLAM 算法性能要求较高。

2.1.3　三维激光扫描系统几何模型

2.1.3.1　三维空间点数学模型

解算空间点坐标主要由测距和测角两部分组成：在测距上，利用激光探测回波技术获取激光往返的时间差或者相位差等，进而计算目标至扫描中心的距离

S；在测角上，由精密时钟控制编码器同步测量每个激光信号发射瞬间仪器的横向扫描角度观测值 β 和纵向扫描角度观测值 α。可由空间三维几何关系通过一个线元素和两个角元素计算空间点位的 X，Y，Z 坐标，空间点位的关系如图 2-4 所示。

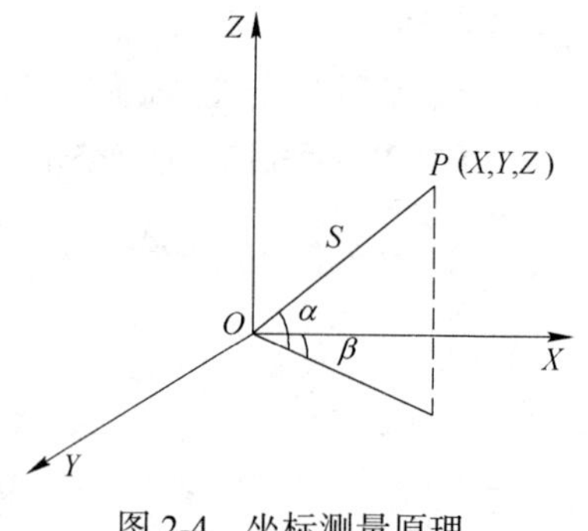

图 2-4　坐标测量原理

空间点位的计算模型如下：

$$\begin{cases} X = S\cos\alpha\cos\beta \\ Y = S\cos\alpha\sin\beta \\ Z = S\sin\alpha \end{cases} \tag{2-6}$$

2.1.3.2　扫描仪坐标转化为矿山坐标的数学模型

对地下矿山而言，无论是采空区扫描，还是巷道或者硐室内扫描，得到的三维空间点云数据都是相对于扫描仪坐标系的，如果需要将这些点云数据映射到矿山坐标系下，可借助全站仪进行坐标转换，示意图如图 2-5 所示。

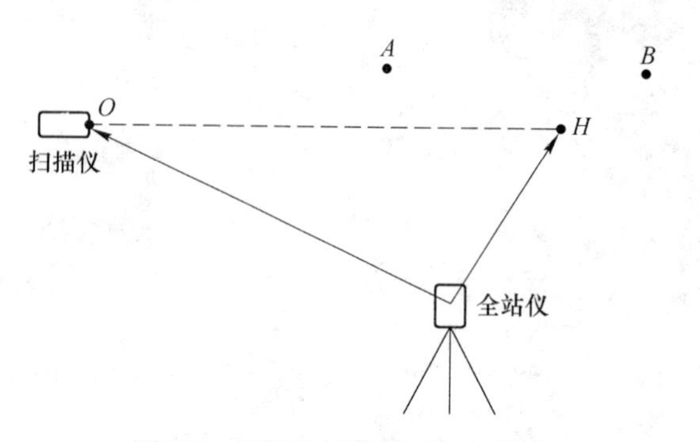

图 2-5　利用全站仪进行坐标转换

O 点是扫描仪坐标原点，同时此处安装有靶标激光器，可以发射一条准直激光，并照射到后方岩体或者人为目标上，得到点 H。众所周知，矿山井下具有众多坐标已知的导线点，如图 2-5 中 A 点和 B 点，利用全站仪和这些已知坐标点，就可以得到 O 点和 H 点的坐标分别为 (x_o, y_o, z_o)、(x_h, y_h, z_h)。

如图 2-6 所示，坐标系 2 表示水平坐标系，坐标系 O 表示矿山坐标系，坐标系 1 为辅助坐标系，则坐标系 2 相对于坐标系 O 的位置关系可以表示为，坐标系 2 沿 $\overrightarrow{HO}$ 方向移动到 O 点，再绕 Z_1 轴旋转角度 γ。

利用全站仪得到矿山坐标系下 H 点的坐标为 (x_h, y_h, z_h)，O 点的坐标为 (x_o, y_o, z_o)，则向量 $\overrightarrow{HO}$ 可表示为：

$$\overrightarrow{HO} = (x_h - x_o,\ y_h - y_o,\ z_h - z_o) \tag{2-7}$$

在 HO 延长线上，取单位向量 $\overrightarrow{OF}$，则 $\overrightarrow{OF}$ 可表示为：

$$\overrightarrow{OF} = \left(\frac{x_h - x_o}{|\overrightarrow{HO}|},\ \frac{y_h - y_o}{|\overrightarrow{HO}|},\ \frac{z_h - z_o}{|\overrightarrow{HO}|}\right) \tag{2-8}$$

从 F 点向轴 X_2 做垂线，垂足为 G 点；再从 G 点分别向 X_1 轴、Y_1 轴做垂线，垂足分别为 M 点和 N 点，则有：

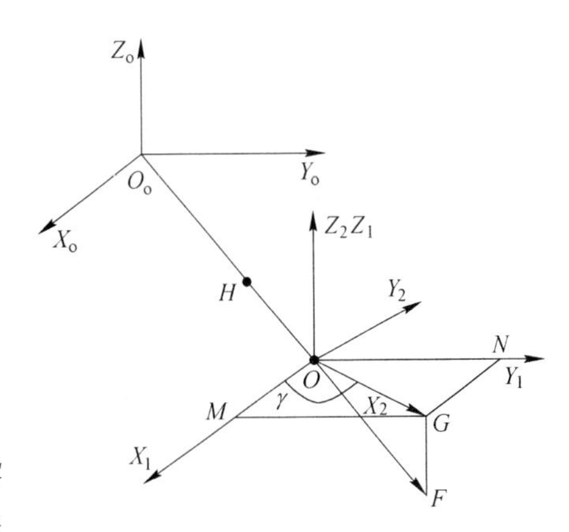

图 2-6 拼接解算示意图

$$\gamma = \angle MOG = \begin{cases} \arctan\left(\dfrac{y_h - y_o}{x_h - x_o}\right), & (y_h - y_o \geqslant 0) \\ 180^\circ + \arctan\left(\dfrac{y_h - y_o}{x_h - x_o}\right), & (y_h - y_o < 0) \end{cases} \tag{2-9}$$

则如果空间任意一点 P 在水平坐标系（坐标系 2）下可以表示为（x_p，y_p，z_p），则其在矿山坐标系（坐标系 O）下的坐标表示为：

$$\begin{bmatrix} x'_p \\ y'_p \\ z'_p \\ 1 \end{bmatrix} = \begin{bmatrix} x_p\cos\gamma - y_p\sin\gamma + x_o \\ x_p\sin\gamma + y_p\cos\gamma + y_o \\ z_p + z_o \\ 1 \end{bmatrix} \tag{2-10}$$

2.2 三维激光扫描点云静态构建方法

2.2.1 单站扫描点云构建方法

单站扫描点云的构建方法较为简单，直接利用固定式三维激光扫描仪对待测区域进行扫描即可，该种方法适用于雕塑、堆体等测量面积相对较小、独立的物体扫描工程中。扫描结束后得到的三维激光点云坐标是相对坐标，其坐标原点是三维激光扫描仪自身的原点位置，若将相对坐标变换为世界坐标系下的绝对坐标，需要通过引入控制点方式进行坐标转换。

2.2.2 多站扫描点云构建方法

多站扫描点云的构建一般有三种方法：基于地物特征点拼接、基于标靶的拼接及基于控制点的拼接。

2.2.2.1　基于地物特征点的拼接

根据每测站对待测物体进行数据采集时，获取的点云数据重叠区域内具有地物（公共）特征点的特性，进行后续数据处理。在外业数据采集时，扫描仪可以架设在任意位置进行扫描，同时不需要后视标靶进行辅助。在扫描过程中，只需要保证相邻两站之间的扫描数据有 30%以上的重叠区域（见图 2-7）。

图 2-7　基于地物特征的拼接方法

数据处理主要通过选择各测站重叠区域的公共特征点计算变换矩阵进行拼接。特征点选择完成后软件可以计算出待拼接点云相对于基础点云的变换矩阵，将两测站数据拼接在一起。结果再与第三站进行拼接，采用此方法将其余各站的数据拼接成一个整体。

此方法可以在任意位置架设扫描仪进行数据采集，不需要架设后视或公共标靶，只要求扫描测站之间有 30%以上的重叠区域，外业测量简单灵活，布设方式灵活。内业数据拼接时需要人工选取公共点云进行拼接，拼接的精度较低。方法适用于特征明显、测量精度要求不高的工程中。

2.2.2.2　基于标靶的拼接

基于标靶的点云拼接方法采用的反射标靶可以是球体、圆柱体或圆形标靶。进行外业数据采集时，在待测物体四周通视条件相对较好的位置布设反射标靶，作为任意设置测站的共同后视点。任意位置设站对待测物体扫描时，要求测站能同时后视到 3 个及以上后视标靶。扫描结束后，再对待测物体四周能后视到的标靶进行精扫，获取标靶的精确几何坐标。根据实际工作经验，在进行基于标靶的数据采集时，每站之间获取 4 个以上的标靶数据，在后期数据处理时能得到更好地点云拼接效果。利用扫描仪配套软件拼接时，相邻两站进行拼接处理，最后拼接成一个整体。如果面积较大或者扫描物遮挡时，在换站的同时就要移动标靶到下一个能通视的位置，保证每一测站至少能扫描到 3 个以上的标靶（见图 2-8）。

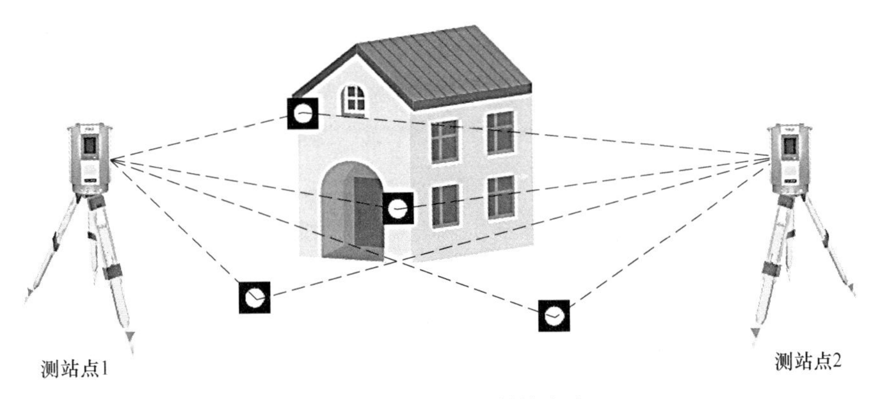

图 2-8 基于靶标的拼接方法

2.2.2.3 基于控制点的拼接

此方法类似于常规全站仪测量的方法，也是最接近于传统测量模式的方法。该方法需要在已知控制点上设站扫描，各控制点的坐标需要采用其他的方法进行测量，如导线测量、GPS-RTK 方法等。采用 GPS-RTK 作业时，可以通过扫描仪自带的接口，将 GPS 接收机直接连接到扫描仪器上，进行同步测量。

利用仪器配套的软件，输入对应控制点的坐标，将点云数据旋转到需要测量的坐标系中。由于已知控制点都是在同一坐标下进行测量得到的，因此各站点云数据通过配准操作后叠加在一起，就形成了统一的整体数据。此方法由于每个控制点都是在同一坐标系下，因此需要采用其他设备对控制点坐标进行测量，这就加大了外业工作量；在扫描过程中，只需要对一个后视标靶进行扫描即可完成定向，每站点云数据之间不需要有重叠区域；该方法点云拼接精度高，并可以得到点云的真实坐标，适用于大面积或带状工程的数据采集工作（见图 2-9）。

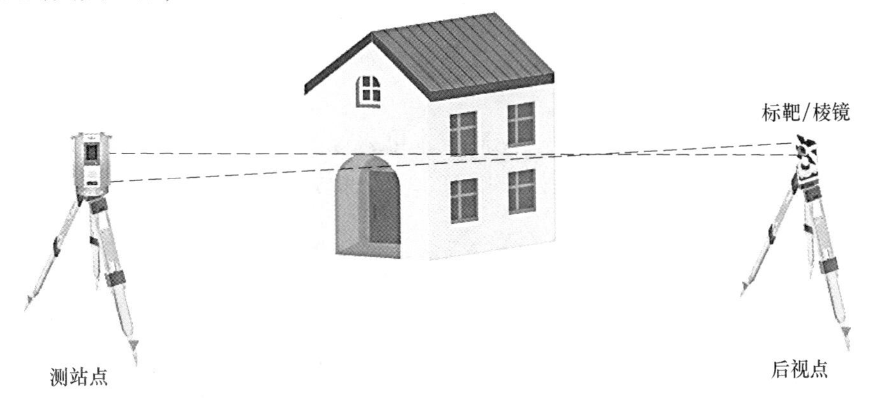

图 2-9 基于控制点的拼接方法

2.3　三维激光扫描点云动态构建方法

2.3.1　SLAM 连续扫描方法

SLAM 全称是同步定位与建图（Simultaneous Localization and Mapping, SLAM），SLAM 技术最初起源于移动机器人领域，其原理为搭载传感器的移动载体根据连续两个时刻的周围环境信息计算载体自身的位姿变换，包括位置变换和姿态变换，该过程称作定位，同时将两个时刻的周围环境信息进行保存，该过程称作建图，然后移动载体获取下一时刻的周围环境信息，通过定位过程再计算下一时刻的位姿变换，以此种方式进行反复迭代，其中定位和建图过程相辅相成，定位侧重自身了解，建图侧重外在了解，定位过程越准确，建图精度越高，反之亦然。

按照搭载传感器的不同，SLAM 技术可大致分为激光 SLAM 和视觉 SLAM 两大类。在视觉 SLAM 中根据相机类型的不同，可分为单目视觉 SLAM、双目视觉 SLAM 和深度相机 SLAM。在激光 SLAM 中根据搭载激光雷达的线束不同，可分为 2D（单线）激光 SLAM 和 3D（多线）激光 SLAM。另外，利用单线激光雷达外加旋转轴也能够实现 3D 激光 SLAM，生成三维激光点云地图，例如 GeoSLAM 公司的手持式三维激光扫描仪 ZEB-REVO RT，其采用的是北洋 UTM-30LX-F 二维激光雷达。

基于视觉的 SLAM 和基于激光的 SLAM 均可生成三维点云地图，相较于视觉 SLAM，激光 SLAM 可直接获取空间的三维信息，不受光照变化影响且不存在尺度漂移现象，因此，通常利用激光 SLAM 技术动态的构建三维激光点云地图。

相较于传统的静态点云构建方法，利用激光 SLAM 技术构建点云的优势如下：

（1）构建点云地图的连续性。激光 SLAM 技术的核心是激光点云数据的连续匹配，待激光点云全部匹配完毕后即可获得全部扫描区域的点云地图，自动化程度高，可节省时间。

（2）可搭载多种平台。激光 SLAM 技术可运行在不同的移动平台上，例如手持式 SLAM、背包式 SLAM、车载式 SLAM 和无人机式 SLAM 等，根据不同的建图场景，选择合适的搭载平台。

当前，激光 SLAM 框架大体分为前端扫描匹配、后端优化、闭环检测、地图构建四个模块。前端扫描匹配是激光 SLAM 的核心模块，工作内容是已知前一帧移动载体的位置和姿态，利用相邻帧之间的变换关系估计当前帧移动载体的位置和姿态，这种变换关系是通过点云匹配实现的。常见的点云匹配方法有 ICP 匹配、NDT 匹配或者基于特征点的匹配。点云匹配过程需要良好的位姿初始值，通常可利用激光雷达的运动模型或者通过其他传感器获得，例如惯导、轮速里程计或者 GPS 传感器。但由于点云匹配会存在误差，所以前端扫描匹配得到的激光里程计不可避免地存在累计漂移误差。通常可以利用回环检测和后端优化的方法消除累计误差，回环检测负责通过检测闭环，利用闭环约束消除部分激光帧的累计误差，纠正位姿信息，减少点云地图的漂移和重影现象，以便生成全局一致性的高精度地图。回环检测可以分为有初始相对位姿的回环检测和无初始相对位姿的回环检测。根据后端优化采用的数学优化方式不同，可分为基于滤波器（Filter-based）和基于图优化（Graph-based）的激光 SLAM，以图优化方式进行平差，目前有 g2o、gtsam、ceres 三个流行的非线性优化库。地图构建模块负责生成、优化和维护全局地图，可以生成稀疏点云地图或者稠密点云地图。

激光 SLAM 技术也可以融合其他传感器进行定位和建图，仅依靠激光雷达进行 SLAM 建图会存在诸多局限，例如输出位姿的频率过低，且随着行驶距离增加，位姿产生较大的累计误差，从而导致建立点云地图的不准确性。通过多传感器融合，能够弥补单一传感器进行状态估计的不足，提供更可靠的位置和姿态信息，以便构建准确的激光点云地图。

常见的融合传感器有惯导、轮速里程计和 GPS RTK 等，例如惯导能够输出高频率的三轴加速度和三轴角速度信息，具有较高的角速度测量精度，可以在激光雷达扫描之间提供稳健的状态估计。相较于惯导，轮速里程计具有较高的局部位置测量精度，可以利用惯导计算角度信息，轮速里程计计算位置信息，融合激光雷达进行 SLAM 过程。GPS RTK 由于提供较为准确的位置信息，通常用于纠正激光 SLAM 的累计漂移误差，构建高精度的激光点云地图。

将激光雷达和惯导传感器搭载在背包平台上进行 3D 激光 SLAM，最终建立的三维激光点云地图如图 2-10 所示。

图 2-10　背包式 SLAM 构建点云地图

将激光雷达和惯导传感器搭载在无人机平台上进行 3D 激光 SLAM，最终建立的三维激光点云地图如图 2-11 所示。

将激光雷达和惯导传感器搭载在手持平台上进行 3D 激光 SLAM，最终建立的三维激光点云地图如图 2-12 所示。

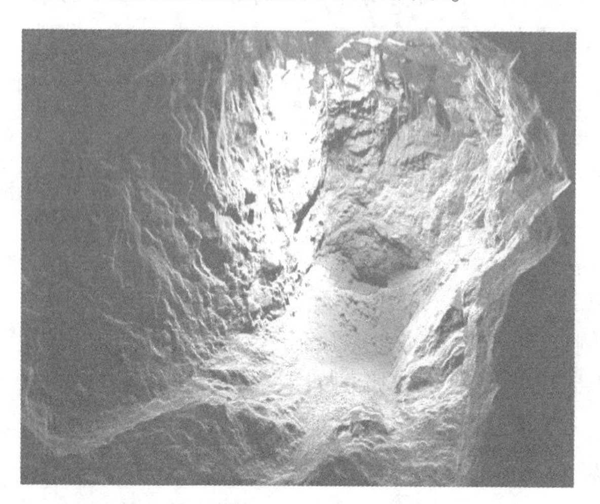

图 2-11　无人机式 SLAM 构建点云地图

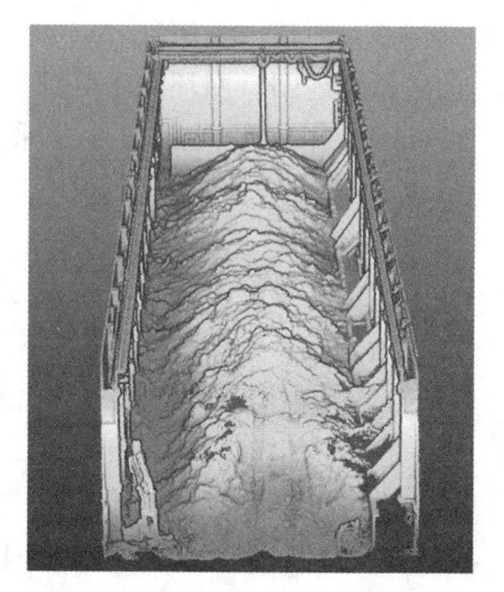

图 2-12　手持式 SLAM 构建点云地图

2.3.2　组合导航连续扫描方法

以车载式移动扫描为例介绍利用组合导航技术动态的构建激光点云地图。这里的组合导航主要是指 GNSS/IMU，一个典型的车载移动测量系统通常由定位定姿模块和数据采集模块两部分组成，传感器包括 GNSS 接收机、惯性测量单元 IMU、里程计、激光扫描仪以及相机，前三个传感器用于获得车载移动测量系统的位置和姿态，后两个传感器用于获取三维目标的几何形态信息和影像纹理信息。下面分别说明各个传感器在车载移动测量系统中的作用。

（1）GNSS 接收机的作用：确定系统中心的精确三维位置，为 GNSS 和 IMU 后处理组合导航提供数据来源；为 IMU 提供初始位置信息，同时可以修正 IMU 中陀螺漂移等累计误差；为整个系统提供时间基准以及秒脉冲 PPS。

（2）IMU 的作用：与 GNSS 数据进行组合导航获得载体的位置；为激光扫描仪和相机提供姿态信息。

（3）激光扫描仪的作用：获取大量具有三维坐标的点云数据，是车载移动测量系统最主要的传感器，该传感器的优劣影响车载移动测量系统整体性能。

（4）相机的作用：第一，提供纹理信息；第二，提供色彩信息，通过与点云数据融合生成彩色点云。

（5）里程计的作用：第一，当 GNSS 信号失锁时，里程计可以辅助 IMU 进行组合导航解算；第二，里程计可以控制相机的曝光。

车载移动测量系统通过 GNSS 提供汽车精确的位置信息，IMU 提供汽车的空间姿态信息，与激光点云数据及影像数据进行数据融合，最终可以获得带有绝对坐标的三维彩色点云数据。其定位模型如公式所示：

$$\begin{bmatrix} x_p \\ y_p \\ z_p \end{bmatrix} = R_{LH}^{W}(t) R_{IMU}^{LH}(t) \left[R_L^{IMU} \begin{bmatrix} x_L \\ y_L \\ z_L \end{bmatrix} + \begin{bmatrix} x_L^{IMU} \\ y_L^{IMU} \\ z_L^{IMU} \end{bmatrix} \right] + \begin{bmatrix} x_{LH}^{W}(t) \\ y_{LH}^{W}(t) \\ z_{LH}^{W}(t) \end{bmatrix} \tag{2-11}$$

式中，$(x_p, y_p, z_p)^T$ 为激光点的 WGS84 坐标；$R_{LH}^{W}(t)$ 为当地水平坐标系到 WGS84 坐标系的旋转矩阵；$R_{IMU}^{LH}(t)$ 为 IMU 坐标系到当地水平坐标系的旋转矩阵；R_L^{IMU} 为扫描仪坐标系到 IMU 坐标系的旋转矩阵；$(x_L, y_L, z_L)^T$ 为激光点在激光扫描仪坐标系中的坐标；$(x_L, y_L, z_L)^T$ 为激光扫描仪中心在 IMU 坐标系中的坐标；$(x_{LH}^{W}, y_{LH}^{W}, z_{LH}^{W})^T$ 为 IMU 中心在 WGS84 坐标系中的坐标。

通过上述公式可以看出，车载移动测量系统的测量模型实际上是不同坐标系之间的转换过程，通过一系列的坐标转换将激光点在激光扫描仪坐标系中的坐标转换到 WGS84 坐标系中的坐标。

图 2-13 是利用车载移动扫描的方法得到的露天矿激光点云地图。

图 2-13 车载激光点云地图

2.4 三维激光扫描误差修正方法

2.4.1 三维激光扫描系统的误差来源

三维激光扫描系统的误差来源多种多样，此处按照误差产生的原因，将误差来源分为五类，分别是硬件传感器自身的误差、装配传感器误差、软件算法误差、目标物体特性引起的误差以及外界环境引起的误差。

（1）硬件传感器自身误差。硬件传感器自身的误差通常与传感器本身的设计和制造相关。由于不同种类的三维激光扫描系统具有不同的硬件传感器，因此误差也不尽相同。下面列举三种典型的三维激光扫描系统进行说明。

1）架站式三维激光扫描系统。由矿冶科技集团自主研发的矿用架站式三维激光扫描系统 BLSS-PE，其硬件传感器自身误差包括倾角传感器误差、小电机系统（包含减速机和编码器）误差、大电机系统（包含减速机和编码器）误差、主激光器误差、靶标激光器误差、电磁式零点开关误差。

2）车载式三维激光扫描系统。由中国测绘科学研究院、北京四维远见信息技术有限公司、首师大三维信息获取与应用教育部重点实验室共同研发的 SSW 车载三维激光扫描系统，其硬件传感器自身误差包括激光扫描仪误差、惯性测量单元误差和 GNSS 误差、数字全景相机误差、轮式里程计误差。

3）SLAM 式三维激光扫描系统。由矿冶科技集团有限公司自主研发的矿用 SLAM 式三维激光扫描系统 BLSF，其硬件传感器自身误差包括激光扫描仪误差、惯性测量单元误差、旋转电机误差。

（2）装配传感器误差。装配传感器误差是指各传感器之间存在的偏心距和偏心角，即实际传感器间的轴系关系与理想值不一致，例如在车载扫描系统中装配误差主要指 GNSS 天线中心与 IMU 中心的偏心距、激光扫描仪坐标系与 IMU 坐标系偏心距和偏心角、数字相机坐标系与 IMU 坐标系的偏心距和偏心角，装配传感器误差会使车载移动测量系统数据结果出现系统性偏差。

（3）软件算法误差。软件算法包括传感器间的时间同步误差、数据处理和解算误差等等。例如在 SLAM 式三维激光扫描系统中的时间同步误差是指由于激光扫描仪和惯性测量单元各自的时间基准不一致，激光雷达和惯性测量单元数据融合时首先需要统一时间基准，然后再进行数据处理和解算；数据处理和解算误差是由 3D 激光 SLAM 算法估计的位姿信息不准确引起的，最终导致三维激光点云整体出现偏差。

（4）目标物体特性引起的误差。这类误差主要与被扫描目标物体表面的物理特性有关，通常会直接影响测距的结果。激光测距的精度主要受激光反射强度的影响，而激光反射强度又受目标物体表面的粗糙程度、物体的材质和颜色、物体的温度和湿度、激光入射角等因素的影响。其中，不同材质的物体表面，激光的反射率与渗透作用不同，进而导致接收到的激光信号强度也不同，直接影响了测距的精度。

（5）外界环境引起的误差。与其他测量仪器一样，激光扫描仪也会受到周围环境的影响。周围环境的温度、相对湿度、气压、光照条件、电磁辐射等都会对激光扫描造成影响。

2.4.2 三维激光扫描系统的误差修正

三维激光扫描系统的误差修正也称作检校，通常有单项检校法和组合检校法两种模式。

（1）单项检校法。单项检校法是指单独地对某一个传感器进行误差检测和修正。例如在 SLAM 式三维激光扫描系统中对激光雷达和惯性测量单元自身进行检校并修正误差。激光雷达的检校包括旋转电机的检校、多个激光测距模块的检校。惯性测量单元的检校包括三轴加速度计和三轴陀螺仪的零偏检校、传感器输出值和实际值的比值检校、轴间非对齐检校和温漂检校等。

（2）组合检校法。组合检校法是同时利用多个传感器进行误差检测和修正。例如在车载三维激光扫描系统中，为了标定 GNSS 接收机、惯性测量单元、激光扫描仪及数字相机之间的外参关系，常见的组合检校方法有 GNSS 与 IMU 的组合检校、激光扫描仪与 IMU 的组合检校、数字相机与 IMU 的组合检校的组合检校。

2.5 三维激光扫描点云质量评价

三维激光扫描点云的质量好坏直接关系到后期点云数据处理、点云三维建模等方面的应用。评价激光点云的质量通常从四个方面考虑，分别是点云的精度、点云的稀疏均匀程度、点云的完整性、噪声点的数量。通常点云的精度可以通过定量的计算，而点云的稀疏均匀程度、点云的完整性及噪声点的数量更多通过定性的分析。

点云的精度评价包括点云的理论精度和点云的实际精度。

（1）点云的理论精度。根据三维空间点数学模型（公式（2-6）），利用误差传播定律，得到三维坐标的方法-协方差矩阵 $\boldsymbol{C}$，如公式(2-12) 所示：

$$\boldsymbol{C}=\begin{bmatrix}\delta_x^2 & \delta_{xy} & \delta_{xz}\\ \delta_{yx} & \delta_y^2 & \delta_{yz}\\ \delta_{zx} & \delta_{zy} & \delta_z^2\end{bmatrix}=\begin{bmatrix}\frac{\partial x}{\partial r} & \frac{\partial x}{\partial \theta} & \frac{\partial x}{\partial \varphi}\\ \frac{\partial y}{\partial r} & \frac{\partial y}{\partial \theta} & \frac{\partial y}{\partial \varphi}\\ \frac{\partial z}{\partial r} & \frac{\partial z}{\partial \theta} & \frac{\partial z}{\partial \varphi}\end{bmatrix}^{\mathrm{T}}\begin{bmatrix}\sigma_r^2 & & \\ & \sigma_\theta^2 & \\ & & \sigma_\varphi^2\end{bmatrix}\begin{bmatrix}\frac{\partial x}{\partial r} & \frac{\partial x}{\partial \theta} & \frac{\partial x}{\partial \varphi}\\ \frac{\partial y}{\partial r} & \frac{\partial y}{\partial \theta} & \frac{\partial y}{\partial \varphi}\\ \frac{\partial z}{\partial r} & \frac{\partial z}{\partial \theta} & \frac{\partial z}{\partial \varphi}\end{bmatrix} \tag{2-12}$$

根据扫描仪的测距精度 σ_r、测角精度 σ_θ 和 σ_φ，可通过下式得到每一个扫描点的理论点位精度，如公式（2-13）所示：

$$\sigma^2=\sigma_x^2+\sigma_y^2+\sigma_z^2 \tag{2-13}$$

（2）点云的实际精度。测量中，评定数据质量最常用的方法就是将测量数据与高精度仪器测量结果相比较，此种方法也可以应用到激光扫描仪数据质量的评定上。评定需要借助靶标完成。具体步骤如下：

第一，在外业布设一系列靶标，利用高精度的全站仪实测这些靶标的三维坐标（X，Y，Z）。

第二，利用扫描仪对这些靶标扫描，提取靶标在扫描仪坐标系下的坐标（X，Y，Z）。为了比较两套坐标，需利用空间相似变换。

第三，取出若干个（至少 3 个）靶标的两套坐标，利用空间相似变换公式(4-18)，求出变换参数 R 与 T。

第四，利用变换参数将靶标点的扫描坐标转换至全站仪坐标系下，与全站仪实测坐标相比，从而确定点云数据质量。

通过以上步骤可以计算出点位中误差或者距离和角度的误差值，从而得到点云的实际精度。

3 矿山三维激光空间感知主流装备

3.1 架站式三维激光扫描仪

3.1.1 BLSS-PE 矿用三维激光扫描仪

BLSS-PE 矿用三维激光扫描仪是由矿冶科技集团有限公司基于国家“863 计划”重点项目的研究成果，专门针对我国矿山应用条件和需求而研制，在采场、采空区、巷道等工程结构的三维建模、朝向分析、体积计算、剖面提取、变形量计算、垮落量测量、爆破效果评价等应用方面独具特色，可为矿山提供专业化的技术支撑。设备如图 3-1 所示。

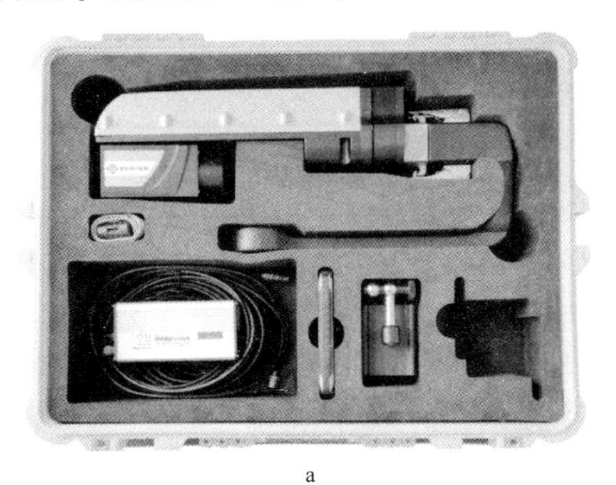

a

b

图 3-1 BLSS-PE 矿用三维激光扫描仪

a—扫描主机；b—电源箱

BLSS-PE 矿用三维激光扫描仪主要特点有：

（1）业界首款专门面向地下采矿应用的高可靠三维激光扫描仪；

（2）专利保护的自适应空间分辨率扫描功能；

（3）适合水平、垂直、悬吊等复杂工况下的扫描作业；

（4）重量轻，携带方便，坚固耐用；

（5）高速作业，可快速构建地下时空高分辨数据；

（6）支持扫描主机的智能双轴快速整平；

（7）具有快接和防泥功能的航空钛合金延长杆；
（8）适合柔性连接杆的高精度坐标传递系统；
（9）搭载专业化的面向点云的智能采矿设计与分析软件平台；
（10）软件平台支持业界多种文件格式读写，符合 AutoCAD 使用习惯；
（11）快速准确的多站拼接功能，从而实现大范围无盲区测量。
仪器的主要技术参数见表 3-1。

表 3-1　BLSS-PE 主要技术参数

内　容	指　标	内　容	指　标
测距仪类型	脉冲式激光扫描仪	通信方式	无线通信
测量距离	300m（自然表面）	垂直视场角	330°
水平视场角	360°	扫描时间（1°×1）	4min48s
扫描点云	2000 点/s	测距分辨率	1mm
测距精度	2cm	角度精度	0.0018°
角度分辨率	0.0009°	最小角度步进	0.0009°
扫描仪整平	自动整平	内部电池	DC24V
电池供电时间	10h	工作温度	-10~60℃
电源箱质量	7.3kg	扫描主机质量	5.2kg
防护等级	IP66	扫描主机直径	130mm

3.1.2　BLSH 高精度三维激光扫描仪

BLSH 高精度三维激光扫描仪是矿冶科技集团有限公司合作开发的一款脉冲式、全波形、高精度、高频率的三维激光扫描测量系统，系统可用于地下巷道、溜井、采空区、露天爆堆以及地表地形等不同场景，配备可定制开发的全业务流程三维激光点云处理系列软件，可快速进行基于点云数据的三维模型构建、体积统计、剖面提取、超欠挖计算、变形量分析，为矿山掘进验收、出矿量统计、爆破效果评价、二步骤回采设计、充填料预估、采剥量计算以及岩体的稳定性评价等提供专业化的数据支撑。设备如图 3-2 所示。

BLSH 高精度三维激光扫描仪的主要特点有：

（1）矿山实测距离最远超过 1km，距离精度接近 5mm，可满足矿山 1∶500

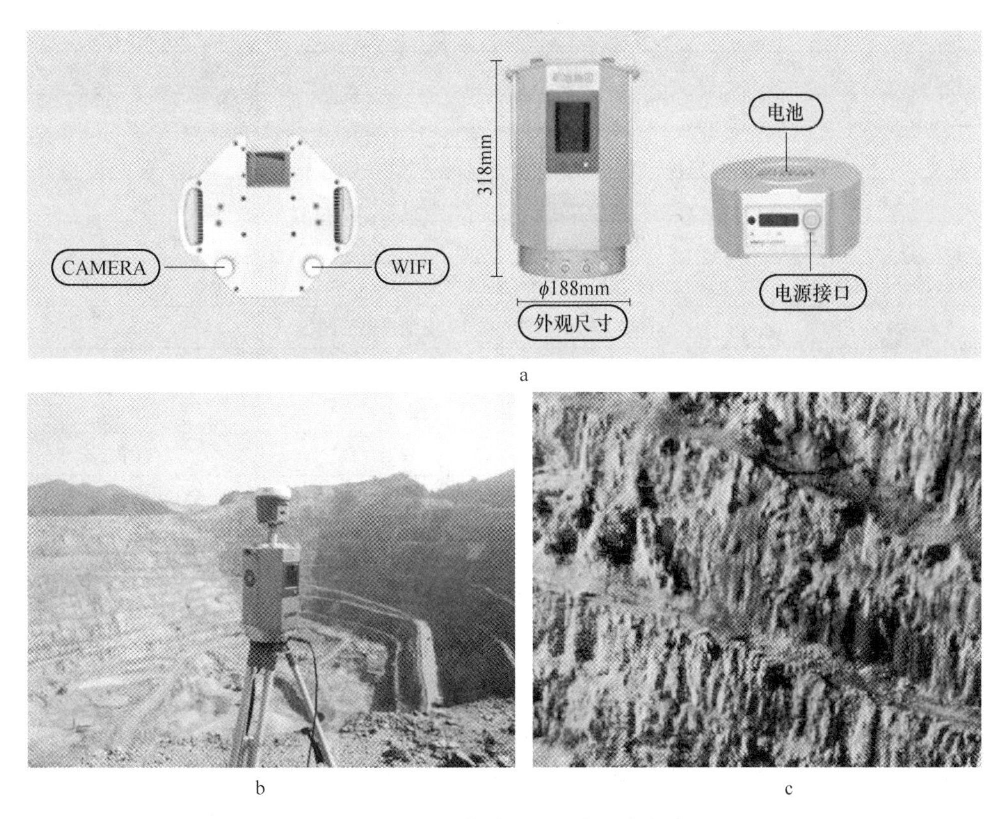

图 3-2 BLSH 高精度三维激光扫描仪

a—设备构成；b—产品外观；c—工程应用

地形测量工作要求；

（2）TB 级点云数据的流畅浏览及显示，手工编辑及多种方式自动扫描过滤；

（3）全景影像和激光点云数据的完美匹配，可根据获取的实物灰度图像对点云数据进行着色；

（4）支持点云特征的手动分类、半自动分类等，便于点云的提取加工和应用处理；

（5）基于点云数据可生成 DEM、TIN、DTM 三维模型并可与国内外主流矿业软件 3DMINE、DIMINE、SURPAC 等互相兼容；

（6）可根据需要将多站测量数据进行拼接，并输出完整拼接数据三维点云模型；

（7）软件采用插件框架体系，用户可根据矿山生产需要定制个性化需求功能。

仪器的主要技术参数见表 3-2。

表 3-2 BLSH 主要技术参数

内　容	指　标	内　容	指　标
测距仪类型	脉冲式	通信方式	无线通信
测量距离	1000m	垂直视场角	100°（-40°~60°）
水平视场角	360°	垂直扫描速度	3~150 线/s
水平扫描速度	最快 36°/s	全景分辨率	7000 万像素
垂直角度分辨率	0. 001°	水平角度分辨率	0. 001°
测距精度	5mm@ 100m	电池供电时间	>4h
工作温度	-20~+65℃	存储温度	-40~+85℃
主机重量	10. 5kg	扫描主机直径	直径 85mm
防护等级	IP64	数据存储	240GB
数据传输	千兆网/USB2. 0	操控面板	全彩色触摸屏

3.1.3 OPTECH CMS V500 三维激光扫描仪

加拿大 Optech 公司的 CMS V500 是 CMS V400 的改进型，采用了独特的集成摄像头拍摄静态图像和实时视频，使操作者能够更好看清被测对象内部情况，通过 Windows 操作界面，操作者可以手动控制扫描仪进行现场交会和后视。重新设计的设备外形，扫描主机降低到直径为 130mm，扫描范围提升到 360°×320°，通过削减通信线缆，增加内置电池，进一步提升系统的防护等级并减少了安装时间。该系统可应用于地下采空区、溶洞、溜井、巷道等区域的扫描。设备如图 3-3所示。

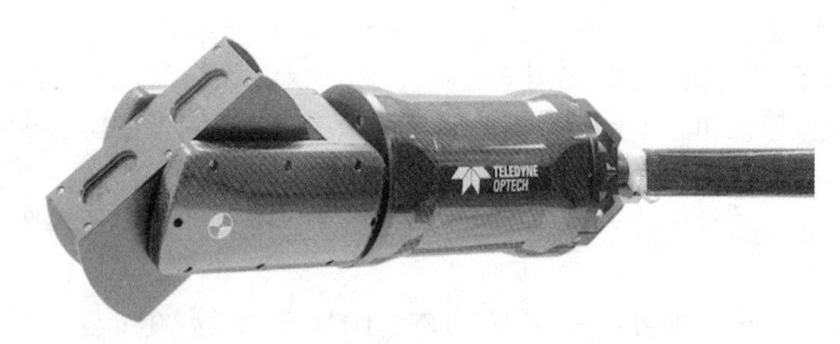

图 3-3 OPTECH CMS V500 三维激光扫描仪

CMS V500 三维激光扫描仪的主要特点有：

（1）无需棱镜测量，操作界面友好，可实时查看数据；

（2）自动整平，快速扫描获取数据，360°×320°扫描范围，快速精确获取空区的三维模型；

（3）对难以到达区域的安全监测，具有后方交会/后视功能；

（4）更小的外形、无线操控等；

（5）内置相机使得 CMS V500 拥有探查功能，操控者可观察记录矿石传送、提升、存储，以及通风井等不可进入的区域。

仪器的主要技术参数见表 3-3。

表 3-3 CMS V500 主要技术参数

内　容	指　标	内　容	指　标
测量距离	200m（自然表面）	最小测量距离	50cm
垂直视场角	320°	水平视场角	360°
扫描时间（1×1°）	6min	扫描点云	57600 点/s
测距分辨率	1cm	测距精度	2cm
角度精度	0.1°	角度分辨率	0.022°
最小步距	0.25°	内部电池	DC15V
工作温度	-20～+60℃	扫描头重量	7kg
扫描仪直径	145mm	防护等级	IP65

3.1.4 FARO Focus S350 三维激光扫描仪

FARO Focus S350 三维激光扫描仪为诸如建筑、BIM/CIM、公共安全和取证等行业提供了设备基础，从而能够提供完备的解决方案。设备如图 3-4 所示。

图 3-4 FARO Focus S350 三维激光扫描仪

FARO Focus S350 三维激光扫描仪的主要特点有：

（1）可以通过距离、双轴补偿和角度测量获取更高精度的扫描数据；

（2）扩展的工作温度范围允许在具有挑战性的环境下扫描，比如在沙漠或者南极洲进行工作；

（3）通过现场补偿功能，用户可以在现场或者办公室验证和调整 Focus S350，确保高的扫描数据质量，并自动生成综合补偿文件；

（4）凭借密封设计，Focus S350 获得行业标准 IP 等级认证，定为 IP54 级别防护等级；

（5）通过面向未来的备用接口，用户可以将额外的附件连接到扫描仪，为用户的特殊定制提供便捷。

仪器的主要技术参数见表 3-4。

表 3-4　FARO Focus S350 主要技术参数

内　容	指　　标	内　容	指　　标
测量距离	614m/307m	垂直视场角	300°
水平视场角	360°	扫描点云	976000 点/s
测量精度	1mm	角度精度	0. 19°
最小角度步进	0. 009°	扫描主机重量	4. 2kg
扫描主机尺寸	230mm×183mm×103mm	防护等级	IP54
多传感器	GPS、指南针、高度传感器、双轴补偿器	集成型彩色摄像机	分辨率最大 165M 像素

3.1.5　RIEGL VZ-2000i 长距离三维激光扫描仪

RIEGL VZ-2000i 长距离三维激光扫描仪的发展着眼于未来，采用新一代的创新型处理架构，搭配互联网技术和最新的 RIEGL 全波形处理技术，为用户提供简便、快捷、精准的数据采集解决方案。该系统可广泛应用于露天坑扫描、地形测量、文物修复、灾害事故现场复原等。设备如图 3-5 所示。

图 3-5　RIEGL VZ-2000i 长距离三维激光扫描仪

RIEGL VZ-2000i 长距离三维激光扫描仪主要特点有：

(1) 激光发射频率高达 1. 2MHz，数据测量速度高达 500000 点/s；

(2) 测量距离长达 2500m，能够扫描更大的范围；

(3) 扫描获取的点云数据可与影像数据进行同步采集；

(4) 具备新的创新型处理模块，在采集数据时可同时进行拼接或自动拼接；

(5) 系统支持多种外接设备和附件，例如：GNSS 单元、SIM 卡槽、有线及无线网口等；

(6) 基于波形数字化、在线波形处理和多次回波周期处理等独特的 LIDAR 技术，使系统可以在沙尘、雾霾、下雨、植被覆盖等能见度不好的情况下也能进行高速、长距离、高精度的测量。

仪器的主要技术参数见表 3-5。

表 3-5 RIEGL VZ-2000i 主要技术参数

内 容	指 标	内 容	指 标
测量距离	1300m/2500m	最小测量距离	2m
垂直视场角	100°（60°~-40°）	水平视场角	360°
垂直扫描速度	3~240 线/s	水平扫描速度	0~150°/s
扫描点云	500000 点/s	测距精度	5mm
垂直角度分辨率	0.0007°	水平角度分辨率	0.0005°
垂直角度步进	0.0007°~0.6°	水平角度步进	0.0015°~0.62°
工作温度	0~40℃	扫描主机重量	约 9.8kg
主要尺寸	206mm×346 mm	防护等级	IP64

3.1.6 Z+F IMAGER 5016 三维激光扫描仪

德国 Z+F IMAGER 5016 三维激光扫描仪将易携轻量化的设计和体现高水平的激光扫描技术相结合。新的相位式激光扫描仪集成了 HDR 相机、内置闪光灯和定位定姿系统，其部分模块已在前代产品 5010C、5010X 中得到应用。并且，所有部件都有了长足的进步，适配新的设计，带来更好的扫描结果和更好的工作流程。该产品可广泛应用于桥梁监测、文物修复、建筑施工监测与验收。设备如图 3-6 所示。

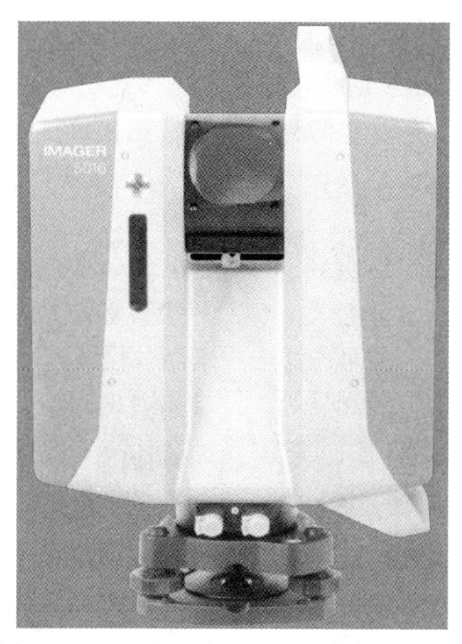

图 3-6 Z+F IMAGER 5016 三维激光扫描仪

Z+F IMAGER 5016 三维激光扫描仪的主要特点有：

（1）最大测距提升到 360m；

（2）最大测点速率超过一百万点每秒；

（3）360°×320°的视野保证了超广的扫描范围；

（4）采用蓝色工作流，集成了定位定姿系统，使得点云可以自动拼接；

（5）扫描仪内置 HDR 相机，即便是在较差光线环境中，也可使用户快速获得颜色信息；

（6）生成一张全景照片（8000 万像素）只需 3min30s，使用户可以快速生成海量彩色点云数据。

仪器的主要技术参数见表 3-6。

表 3-6　Z+F IMAGER 5016 主要技术参数

内　容	指　标	内　容	指　标
测量距离	365m	最小测量距离	0. 3m
垂直视场角	320°	水平视场角	360°
扫描点云	1100000 点/s	测距分辨率	0. 1mm
垂直角度分辨率	>0. 00026°	水平角度分辨率	>0. 00018°
工作温度	-10~45℃	扫描主机重量	约 6. 5kg
主要尺寸	258mm×150mm×328mm	防护等级	IP54

3. 2　钻孔式三维激光扫描仪

英国 MDL 公司的 C-ALS 钻孔式三维激光扫描仪是一款在 50mm 钻孔中就可以深入地下进行空区探测的三维激光扫描仪。扫描仪探头直径仅为 50mm，使它可沿钻孔深入到难以接近的空穴、地下空间以及空腔内。内置的钻探摄像头上装有红色 LED 指示灯，便于清楚地看到钻孔内部以及测量过程中遇到的各种障碍物，同时能辨识空穴的入口。C-ALS 的马达驱动双轴扫描探头，可以保证仪器能作球形 360°扫描，以覆盖整个空穴。C-ALS 探头整合了倾斜和转动传感器，并且还可以选配内置罗盘。该产品可广泛应用于溜井侵蚀监测、采空区测量、沉降调查、隧道测量及工程下方空腔测量等。设备如图 3-7 所示。

C-ALS 钻孔式三维激光扫描仪的主要特点有：

（1）远距离安全测量难以接近的地下空间和空腔；

（2）探头直径仅 50mm，可以沿数百米深的狭长钻孔下放，扫描速度快（240 点/s）；

（3）360°球形扫描，钻探摄像头可在下放探头的过程中看清钻孔内部的情况；

(4) 配备定向传感器，可准确知道扫描数据方位。

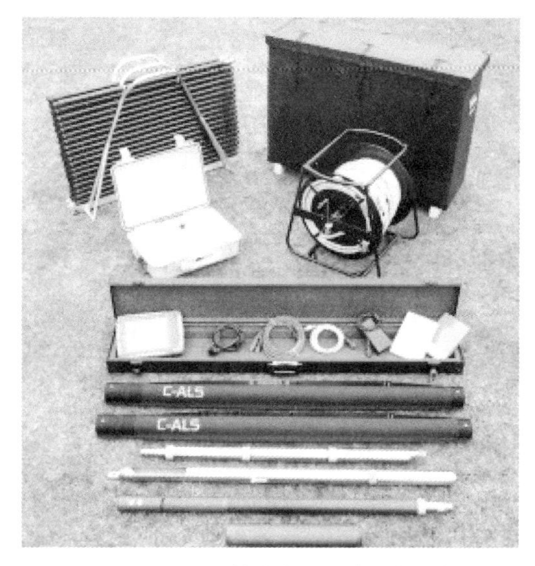

图 3-7 C-ALS 钻孔式三维激光扫描仪

仪器的主要技术参数见表 3-7。

表 3-7 C-ALS 主要技术参数

内容	指标	内容	指标
测程	150m	精度	5cm
分辨率	1cm	数据获取速率	240 点/s
垂直角度范围	-90°~90°	水平角度范围	360°
扫描精度	0. 2°	扫描分辨率	0. 1°
主要尺寸	5cm×200cm	重量	约 5. 9kg
防护等级	IP65	工作温度	10~60℃

3. 3 移动式三维激光扫描仪

3.3.1 基于 GNSS 定位原理

3. 3. 1. 1 车载式三维激光扫描仪

A RIEGL VMZ 车载三维激光扫描仪

奥地利 Riegl 公司的 RIEGL VMZ 车载三维激光扫描仪是其最新的高性能车载激光测图系统，融合了静态和动态数据获取功能，典型应用于基础设施测图、城市建模、道路表面测量、建筑物快速测图、露天矿测量、料堆测量、建筑物监测、网络规划、监控等场景。设备如图 3-8 所示。

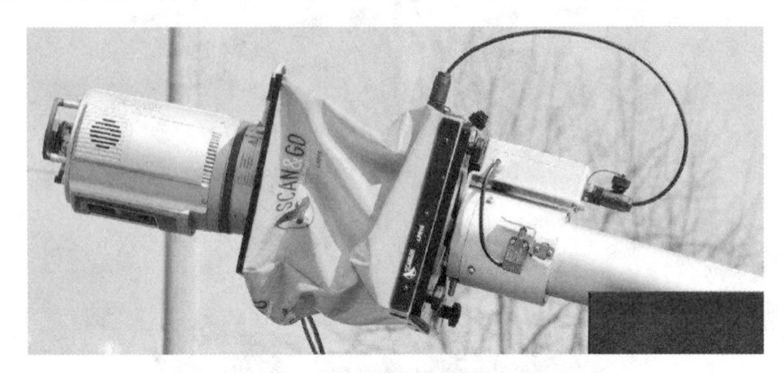

图 3-8　RIEGL VMZ 车载三维激光扫描仪

RIEGL VMZ 车载三维激光扫描仪的主要特点有：

（1）实现从三脚架到移动平台的快速转换，在重新安置移动扫描系统时无需进行校准；

（2）一体化集成经检校的 GPS 和 NIKON DSLR 相机，实现与移动扫描的同步数据获取；

（3）支持 ladybug 相机同步和触发接口；

（4）VMZ 扫描仪和 MU/GNSS 单元仅通过标准汽车电瓶供应电量即可完成数据获取；

（5）采用用户自定义的扫描头水平位置实现 VMZ 扫描仪的 2D 线扫描模式，完成不同的应用需求；

（6）采用 VMZ 扫描仪的 3D 连续旋转扫描模式实现高效的移动数据获取，当车辆停止时可采用 360 静态扫描，用于高精度数据获取。

仪器的主要技术参数见表 3-8。

表 3-8　RIEGL VMZ 主要技术参数

内　容	指　标	内　容	指　标
测量距离	600m	最小测量距离	1.5m
垂直视场角	100°（60°~-40°）	水平视场角	360°
扫描点云	122000 点/s	距离精度	5mm
工作温度	0~40℃	扫描主机重量	约 9.8kg
直径大小	ϕ180mm	防护等级	IP64

B　SSW 车载三维激光扫描仪

SSW 车载三维激光扫描仪由中国测绘科学研究院、北京四维远见信息技术有限公司、首师大三维信息获取与应用教育部重点实验室共同研发而成。该产品是以各种工具车为载体，集成国产360度激光扫描仪、IMU和GPS、CCD相机、转台、里程计（DMI）等多种传感器，由控制单元、数据采集单元和数据处理软件构成的新一代快速数据获取及处理的高科技测量设备，可广泛应用于三维建模、道路测量、部件测量、水上测量、地籍测量、室内测量、高清街景、违建调查等领域。设备如图3-9所示。

图3-9 SSW车载三维激光扫描仪

SSW车载三维激光扫描仪的主要特点有：

（1）精度高、效率高，源于关键传感器指标高、鱼眼镜头畸变差改正、采用三星模式提高组合导航精度、采用IE及GINS组合导航软件提高组合导航解算精度、DMI里程计精确检校和自动点云纠正功能；

（2）硬件可定制，系统型号任选、搭载平台任选、IMU任选、相机任选；作业模式多样，商务车推扫、高台转扫、三轮车推扫、履带车推扫等，适用于各种道路环境的作业模式；

（3）设备高度集成，除电源、里程计、控制系统外，均集成于一体，故障率低；

（4）支持PPP，无需基站，支持组合导航运算单点定位。

仪器的主要技术参数见表3-9。

表3-9 SSW主要技术参数

内容	指标	内容	指标
测量距离	400m	最小测量距离	0.5m
水平视场角	360°	扫描点云	500000点/s
距离精度	5cm	工作温度	-10~40℃

C　HiScan-Z 车载三维激光扫描仪

HiScan-Z 车载三维激光扫描仪是中海达自主研制的新型测绘装备，该产品将三维激光扫描主机、卫星定位模块、惯性导航装置、里程计、360 度全景相机，总成控制模块和高性能计算机高度集成，封装在刚性平台之中，可方便安装于汽车、船舶或其他移动载体上，在载体高速移动过程中，快速获取高精度定位定姿数据、高密度三维点云和高清连续全景影像数据。系统可轻松完成矢量地图数据建库、三维地理数据制作和街景数据生产，广泛应用于三维数字城市、街景地图服务、带状地形测绘、城管部件普查、交通基础设施测量、矿山三维测量、航道堤岸测量、海岛礁岸线三维测量等领域。设备如图 3-10 所示。

图 3-10　HiScan-Z 车载三维激光扫描仪

HiScan-Z 车载三维激光扫描仪的主要特点有：

（1）高度集成一体化解决方案；

（2）免标定，标定与载体无关；

（3）高精度，点云密度高、点位识别率高、测量精度高；

（4）高可靠，产品化程度高，系统稳定可靠；

（5）高智能，点云与全景无缝融合；

（6）安装便捷，无需改装载体；体积小，运输方便；

（7）易存储，插拔式数据存储设计。

仪器的主要技术参数见表 3-10。

表 3-10 HiScan-Z 主要技术参数

内 容	指 标	内 容	指 标
测量距离	119m	水平视场角	360°
扫描点云	1010000 点/s	距离分辨率	0.9mm
距离精度	5cm	角分精度	0.0088°

D Trimble MX9 车载三维激光扫描仪

Trimble MX9 车载三维激光扫描仪集成了全球卫星定位系统、惯性导航系统、高精度激光扫描仪、高分辨率数码相机和航位推算系统等先进传感器，以实现全面的数据采集。系统安装在不同的交通工具上，能够在交通工具高速行进中快速、高效、精准、安全地采集整个城市、公路网、铁路网和公共设施廊道的海量高清晰影像和高精度点云数据；天宝 Trident Analyst 数据分析处理软件对采集的点云数据和影像数据进行后处理融合加工，可智能提取现场地物的三维空间位置坐标和属性，从而生成各种有用的专题数据库。系统广泛应用于资产管理、移动测量、数字城市管理、道路铁路建设、公安消防应急等多个领域，并且逐步向地下管网、通信网络等应用领域延伸扩展。设备如图 3-11 所示。

图 3-11 Trimble MX9 车载三维激光扫描仪

Trimble MX9 车载三维激光扫描仪主要特点有：

（1）可采集高密度的点云和全景影像数据；

（2）具备先进的 GNSS 和惯导技术；

（3）更轻、更紧凑的移动测绘系统；

（4）可安装在任何智能设备并基于浏览器的操作、兼容现有的 Trimble 软件和工作流程；

（5）具备增强的远程支持功能。

仪器的主要技术参数见表 3-11。

表 3-11　Trimble MX9 主要技术参数

内　容	指　标	内　容	指　标
测量距离	150m/420m	最小测量距离	1.2m
水平视场角	360°	扫描点云	300000 点/s
测距精度	5mm	采集最大车速	110km/h
工作温度	0～40℃	扫描主机重量	约 37kg
主要尺寸	0.62m×0.55m×0.62m	防护等级	IP64

3.3.1.2　机载式三维激光扫描仪

A　RIEGL VUX-SYS 无人机载三维激光扫描仪

RIEGL VUX-SYS 机载三维激光扫描仪是一套完整的轻小、紧凑型机载激光扫描系统。该产品主要由 VUX-1 系列 LiDAR 机载扫描仪、IMU/GNSS 惯导系统和控制单元组成。VUX-1 超强的测量性能与高精度惯导系统和 GPS/GLONASS 接收机集成使用，数据成果达到测量级精度。该产品可应用于地形测绘、电力巡检、国土普查等领域。设备如图 3-12 所示。

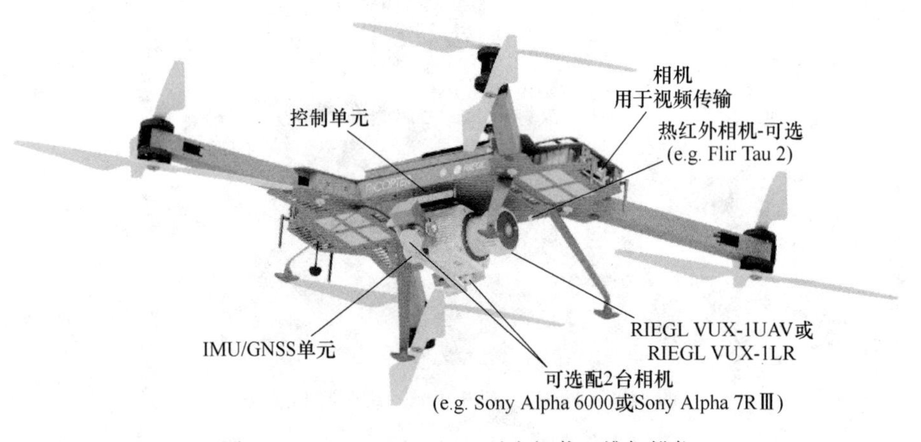

图 3-12　RIEGL VUX-SYS 无人机载三维扫描仪

RIEGL VUX-SYS 机载三维激光扫描仪的主要特点有：

(1) 具备多种的安装选择，适应于各种的航空安装平台；

(2) 具备低带宽的数据链；

(3) 集成了惯性导航系统 IMU/GNSS 单元；

(4) 带有多种接口的紧凑型控制单元、可控制多达 4 个数码相机；

(5) 可实现远程控制。

仪器的主要技术参数见表 3-12。

表 3-12 RIEGL VUX-SYS 主要技术参数

内 容	指 标	内 容	指 标
测量距离	1350m	最小测量距离	5m
垂直视场角	330°	水平视场角	360°
扫描点云	200 点/s	测距分辨率	15mm
垂直测距精度	10cm	水平测距精度	5cm
主要尺寸	314mm×180mm×125mm	扫描主机重量	约 5kg

B LiAir V 无人机载三维激光扫描仪

LiAir V 无人机载三维激光扫描仪是由数字绿土自主研发的轻小型激光雷达点云数据采集系统，可搭载于 M200/M210/M300/M600 等飞行平台。产品融入了数字绿土云迹技术，支持无基站作业模式，搭配 LiPlan、LiCloud、LiPowerline 系列软件，可为电力用户提供数据采集、处理分析、定制化报告的一站式激光雷达巡检方案。设备如图 3-13 所示。

图 3-13 LiAir V 无人机载三维激光扫描仪

LiAir V 无人机载三维激光扫描仪的主要特点有：

（1）支持无基站作业模式，融入数字绿土云迹技术，结合 LiCloud 三维数据平台，无需外业人员架设基站也可以获取厘米级精度的点云数据；

（2）产品高度集成，体积小、重量轻、携带方便；

（3）支持单人作业，支持快拆，作业方便；

（4）一键数据处理，具备组合导航解算和点云解算功能，可一键完成 POS 数据解算、精度报告输出及点云数据输出工作，简化航迹后处理流程；

（5）采用双天线模式，对准时间短，可节省空中动态对准时间，外业效率高。

仪器的主要技术参数见表 3-13。

表 3-13　LiAir V 主要技术参数

内　容	指　标	内　容	指　标
测量距离	90m/130m/260m	垂直视场角	38. 4°
扫描点云	100000 点/s	高程精度	±5cm
测距精度	2cm	角度精度	<0. 1°
防护级别	IP67	扫描主机重量	约 2kg

C　SKY-Lark 无人机载三维激光扫描仪

SKY-Lark 无人机载三维激光扫描仪是北科天绘自主研发的轻型激光雷达系统。整套系统总重 7kg，可搭载在多旋翼、油动直升机、固定翼等多种飞行平台上，广泛用于城市三维、电力巡线、海岛礁测量、林业普查、地籍测量、变形监测及水利勘测、灾害评估等各种需要灵捷、高效和高精度三维测量领域。设备如图 3-14 所示。

图 3-14　SKY-Lark 轻型无人机激光雷达系统

SKY-Lark 无人机载三维激光扫描仪主要特点有：

（1）产品最大测距能力达到 1300m，最大作业飞行高度可以达到 700m 以上，同时其测距精度指标优于 5mm@ 100m；

（2）根据配置不同，其全系统重量为 4. 7～7. 2kg，性能指标优于同类进口产品；

（3）采用自研 70°×40°倾斜椭圆扫描方式，点频有效率达到 100%；

（4）具有行业级解决方案的配套软件，包括高精度地形测绘、三维建模、工程勘测、电力巡检、林业调查等行业。

仪器的主要技术参数见表 3-14。

表 3-14 SKY-Lark 主要技术参数

内 容	指 标	内 容	指 标
测量距离	800m/1300m	测距精度	5~8mm
视场角	70°×40°	扫描点云	50000 点/s
工作温度	-20~55℃	扫描主机重量	约 7.2kg

3.3.2 基于 SLAM 定位原理

3.3.2.1 背包式三维激光扫描仪

A ZEB-HORIZON 背包式三维激光扫描仪

GeoSLAM 公司是英国三维激光扫描领域杰出的公司，由两个组织以合资企业的形式成立：澳大利亚国家科学研究机构 CSRO 和英国三维激光雷达采矿行业解决方案提供者 3D lasermapping，其中 CSRO 为 WIFI 的发明者，3D lasermapping 为街景地图的发明者。其旗下的 ZEB-HORIZON 背包式三维激光扫描仪是基于 SLAM 算法的移动式三维激光扫描系统，可以不依靠 GPS 技术动态地测量和记录各种环境下的空间三维信息。相对于传统的数据采集设备，其效率有数十倍的提升。该产品可应用于矿山巷道与采空区扫描、建筑立面测量、电力巡检、林业调查等，设备如图 3-15 所示。

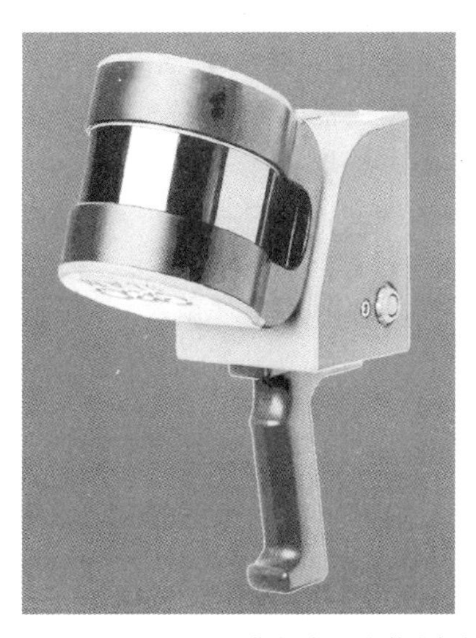

图 3-15 ZEB-HORIZON 背包式三维激光扫描仪

ZEB-HORIZON 背包式三维激光扫描仪主要特点有：

(1) 全套设备仅 3.5kg，手持部分仅 1.0kg，可移动快速扫描多区域环境；

(2) IP64 防护等级，可在各种环境下工作；

(3) 不需要 GPS 或其他控制点，一键启动即可完成扫描；

(4) 几分钟内即可完成动态扫描，数十倍于传统激光扫描仪速度。

仪器的主要技术参数见表 3-15。

表 3-15　ZEB-HORIZON 主要技术参数

内　容	指　标	内　容	指　标
测量距离	100m	垂直视场角	270°
水平视场角	360°	扫描点云	300000 点/s
水平分辨率	0. 625°	垂直分辨率	1. 8°
距离精度	1~3cm	内部电池	DC12V
电池供电时间	4h	工作温度	0~50℃
设备总重量	3. 8kg	防护等级	IP54

B　Leica Pegasus Backpack 背包式三维激光扫描仪

Leica Pegasus Backpack 背包式三维激光扫描仪是徕卡发布的全新移动实景测量系统，其配备 5 个相机和 2 个激光扫描仪，性能强大，操作简单、佩戴舒适、使用灵活，能够在一天之内完成 15~25km 的室外采集或 5 万~10 万平方米以上的室内扫描，效率高。该产品可应用于矿山测量、电力巡检、林业调查、数字城市建设等。设备如图 3-16 所示。

Leica Pegasus Backpack 背包式三维激光扫描仪的主要特点有：

(1) 采用 SLAM 技术，提供室内导航新手段；

(2) 高精度 GNSS+IMU 惯性导航系统，室内室外均能测量，无测量死角；

(3) 同步获取室内真彩色点云与照片，支持 ArcGIS 和 AutoCAD 平台；

(4) 采用碳纤维材质与人体工学设计制作；

(5) 6h 超长续航，可支持一天工作，能达到厘米级精度。

图 3-16　Leica Pegasus Backpack 背包式三维激光扫描仪

仪器的主要技术参数见表 3-16。

表 3-16 Leica Pegasus Backpack 主要技术参数

内 容	指 标	内 容	指 标
测量距离	200m	垂直视场角	-15°~15°
水平视场角	360°	扫描点云	600000 点/s
测量精度	2cm	工作温度	0~40℃
设备重量	约 11.9kg	防护等级	IP52

C LiBackpack DGC50 背包式三维激光扫描仪

LiBackpack DGC50 背包式三维激光扫描仪由北京数字绿土科技有限公司研发，结合同时定位与成图（SLAM）技术，无论扫描环境中是否存在 GNSS 信息，均可获取扫描范围内的高分辨率全景影像以及高精度三维点云数据。可用于电力巡线、林业调查、矿业量测、地下空间信息获取、建筑立面测量、BIM 等领域。设备如图 3-17 所示。

图 3-17 LiBackpack DGC50 背包式三维激光扫描仪

LiBackpack DGC50 背包式三维激光扫描仪的主要特点有：

(1) 采集的目标物点云数据可在手机/平板等移动端实时同步显示，支持在线闭环及闭环优化，扫描完成即可导出实时点云数据和运动轨迹；

(2) 设计轻巧便捷，可搭载不同的移动平台；

(3) 扫描范围广，可获取扫描范围水平 0~360°、垂直-90°~90°的高精度三维点云数据；

(4) 无论是否具有 GNSS 信号都可实现厘米级数据精度；

(5) 可通过 LiFuser-BP 处理软件快速生成具有地理信息的高精度彩色点云数据和全景影像。

仪器的主要技术参数见表 3-17。

表 3-17 LiBackpack DGC50 主要技术参数

内 容	指 标	内 容	指 标
测量距离	100m	垂直视场角	-90°~90°

续表 3-17

内　容	指　标	内　容	指　标
水平视场角	360°	扫描点云	600000 点/s
测量精度	3cm	工作温度	0~40℃
设备重量	约 9.4kg	主要尺寸	908mm×300mm×333mm

3.3.2.2 井下无人机三维激光扫描仪

A BLSF 无人机载三维激光扫描仪

BLSF 无人机载三维激光扫描仪搭载 16 线激光雷达和惯导，融合 3D 激光 SLAM 技术，并针对矿山井下的非结构化环境，对目前比较流行的 3D 激光 SLAM 算法进行改进优化，使其能够适用于矿山井下环境。该产品可应用于矿业（采空区、溜井、矿堆、露天矿）、林业、电力、文物修复、数字城市等领域。设备如图 3-18 所示。

图 3-18 BLSF 井下无人机载三维激光扫描仪

BLSF 无人机载三维激光扫描仪主要特点有：

(1) 实时感知周围环境，扫描结束后即可获得完整的高精度三维激光点云地图，实现大规模实时测绘；

(2) 可以实时对点云数据进行拼接；

(3) 融合路径规划和避障算法，能够实现自主导航；

(4) 设备轻便，操作简单，能够节省大量的人力、物力、财力；

(5) 井下灾害应急响应，便于搜索和救援，在未知环境中存在安全隐患，工作人员及传统装备无法进入。

BLSF 井下无人机载三维激光扫描仪主要技术参数见表 3-18。

表 3-18 BLSF 井下无人机载三维激光扫描仪主要技术参数

内 容	指 标	内 容	指 标
测距仪类型	脉冲式激光扫描仪	通信方式	WIFI
测量距离	100m	WIFI 通信距离	100m
垂直视场角	360°	水平视场角	360°
扫描点云	300000 点/s	扫描频率	5～20Hz
测距精度	±3cm	内部电池	DC24V
电池供电时间	约 1h	工作温度	-10～60℃
存贮温度	-20～70℃	扫描主机重量	2kg
尺寸	215mm×155mm×200mm	防护等级	IP55
数据处理方式	实时处理	数据拷贝方式	USB3.1
点云数据格式	PCD 格式	是否支持参数配置	是
支持快速安装	是	支持离线采集	是

B Hover map 无人机载三维激光扫描仪

Hover map 无人机载三维激光扫描仪是一套包含可 360°旋转的 3D 激光 Lidar 传感器，板载实时激光数据处理芯片，可以挂载于无人机上进行动态飞行扫描。该产品可用于料堆体积、计算土方量、地形测量、林业调查、建筑立面测量等。设备如图 3-19 所示。

图 3-19 Hover map 无人机载三维激光扫描仪

Hover map 无人机载三维激光扫描仪主要特点有：

(1) 基于“同时定位与成图”(SLAM) 算法，具备在无 GPS 信号环境实时三维成图能力，例如室内环境、地下作业、或者在遮蔽 GPS 信号的区域获取连续且高质量三维点云；

（2）为无人机提供自主驾驶与避撞功能；

（3）可支持挂载于无人机执行三维测量任务，还可支持单独手持或者安装于车辆上进行作业。

仪器的主要技术参数见表 3-19。

表 3-19　Hover map 主要技术参数

内　容	指　标	内　容	指　标
飞行模式	无 GPS 辅助模式/GPS 定位模式	测量距离	100m
通信方式	WIFI	测量精度	±3cm
自主飞行兼容	DJI A3	扫描点云	300000 点/s
避障范围	360°	点云格式	. las，. laz，ply，dxf 等
最小避障距离可调	是	设备重量	1. 8kg

4　三维激光点云数据处理

4.1　三维激光点云数据基本概念

4.1.1　点云数据的种类

由于三维激光扫描仪的结构以及点云采集的原理不同，点云数据的排列形式也不尽相同，目前获取的点云数据的排列形式主要有以下几种：

（1）扫描线式点云数据，按某一特定方向分布的点云数据，如图 4-1a 所示。

（2）阵列式点云数据，按某种顺序排列的有序点云数据，如图 4-1b 所示。

（3）格网式点云数据，数据呈三角网互联的有序点云数据，如图 4-1c 所示。

（4）散乱式点云数据，数据分布无章可循，完全散乱，如图 4-1d 所示。

上述分类中前三种点云数据点与点之间往往有一定的拓扑关系，第一种属于部分有序点云，第二种、第三种属于有序点云，第四种属于离散点云。

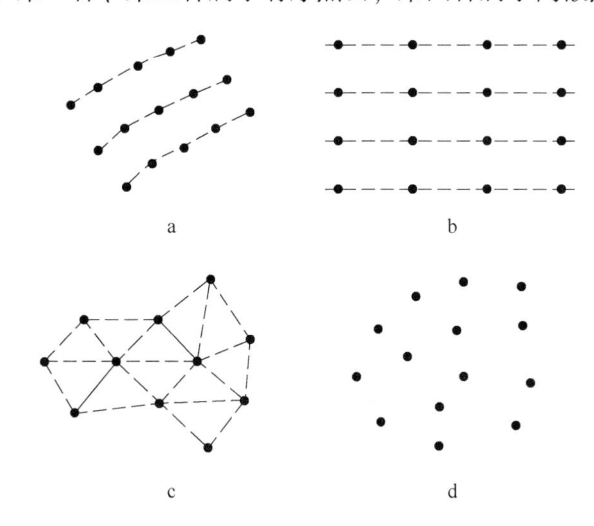

图 4-1　不同点云数据表达形式

a—扫描线式点云；b—阵列式点云；c—格网式点云；d—散乱式点云

4.1.2　点云存储文件格式

在众多存储点云的文件格式中，有些格式是为点云数据量身打造的，也有一些文件格式（如计算机图形学的3D模型或通信数据文件）具备表示和存储点云的能力，应用于点云信息的存储。目前常用的点云存储的文件格式LAS、PCAP、PCD、PTS、XYZ、PLY等。

4.1.2.1　LAS格式

LAS格式是一种二进制文件格式，不同的硬件和软件提供商提供了一种统一格式。现在LAS格式文件已成为激光雷达数据的工业标准格式。LAS文件按每条扫描线排列方式存放数据，包括激光点的三维坐标、多次回波信息、强度信息、扫描角度、分类信息、飞行航带信息、飞行姿态信息、项目信息、GPS信息、数据点颜色信息等。LAS格式定义中用到的数据类型遵循1999年ANSI（American National Standards Institute，美国国家标准化协会）C语言标准。

LAS点云格式如表4-1所示。

表4-1　LAS点云格式示例

C	F	T	X	Y	Z	I	R	N	A	R	G	B
1	5	405652.3622	656970.13	4770455.11	127.00	5.6	First	1	30	180	71	96
1	5	405653.0426	656884.97	4770421.30	132.13	5.2	Last	2	−11	176	99	110

C——class（所属类）；

F——flight（航线号）；

T——time（GPS时间）；

XYZ——（xyz坐标值）；

I——intensity（回波强度）；

R——return（第几次回波）；

N——number of return（回波次数）；

A——scan angle（扫描角）；

RGB——red green blue（RGB颜色值）。

可以看出，LAS文件格式除了基本的三维坐标之外，保留了原始激光点云的扫描信息，例如回波强度、第几次回波及回波次数。LAS格式定义中用到的数据类型遵循1999年美国国家标准化协会C语言标准。

4.1.2.2　PCAP格式

PCAP是一种通用的数据流格式，是美国激光雷达公司Velodyne生产的激光雷达默认采集数据的文件格式，它是一种二进制文件。整体由一个全局头部和若干个数据包组成，每个数据包由包头和包数据两部分组成。PCAP格式结构如图4-2所示。

全局头部	包头	包数据	包头	包数据	包头	包数据

图 4-2 PCAP 格式结构

整个数据流文件，只会有一个全局头部，它定义了数据文件的读取规则、最大储存长度限制等内容。包头可以有多个，每个包头后面会跟着一串包数据，包头定义了包数据的长度、时间戳等信息。PCAP 数据流示例如下所示：

d4c3 b2a1 0200 0400 0000 0000 0000 0000
ff7f 0000 0100 0000
e5da c850 fbdc 0800 2a00 0000 2a00 0000
ffff ffff ffff 0000 0000 0000 0800 4500
001c 0001 0000 4032 7cad 7f00 0001 7f00
0001 0102 0304 0000 0001

前两行是全局头部，包括标识位、主版本号、副版本号、区域时间、精确时间戳、数据包最大长度以及链路层类型。第三行是包头，包括时间戳的高位、时间戳的低位、数据包的大小。后面三行就是数据包，长度一共是 42 字节。

4.1.2.3 PCD 格式

PCD 格式是点云库 PCL 官方指定格式，为点云“量身定制”的格式，除了 PCL 库之外，MatLab 也可通过 pcread 函数直接载入该格式。每一个 PCD 文件包含一个文件头，它确定和声明文件中存储的点云数据的某种特性。PCD 文件头必须用 ASCII 码来编码。PCD 文件中指定的每一个文件头字段以及 ASCII 点数据都用一个新行（\n）分开。

PCD 文件格式有不同的修订号，这些修订号用 PCD _ Vx 来编号，例如，PCD _ V5、PCD _ V6、PCD _ V7 等等，代表 PCD 文件的 0.x 版本号。然而 PCL 中 PCD 文件格式的正式发布是 0.7 版本（PCD _ V7）。

从 0.7 版本开始，PCD 文件头包含下面的字段：

（1）VERSION。指定 PCD 文件版本。

（2）FIELDS。指定一个点可以有的每一个维度和字段的名字。

（3）SIZE。用字节数指定每一个维度的大小。

（4）TYPE。用一个字符指定每一个维度的类型。

（5）COUNT。指定每一个维度包含的元素数据。例如，x 这个数据通常有一个元素，但是像 VFH 这样的特征描述子就有 308 个。实际上这是在给每一点引入 n 维直方图描述符的方法，把它们当作单个的连续存储块。默认情况下，如果没有 COUNT，所有维度的数目就被设置成 1。

（6）WIDTH。用点的数量表示点云数据集的宽度。根据是有序点云还是无序点云，WIDTH 有两层解释，它能确定无序数据集的点云中点的个数（和下面的 POINTS 一样），它能确定有序点云数据集的宽度（一行中点的数目）。注意：有序点云数据集，意味着点云是类似于图像（或者矩阵）的结构，数据分为行和列。这种点云的实例包括立体摄像机和时间飞行摄像机生成的数据。有序数据集的优势在于，预先了解相邻点（和像素点类似）的关系，邻域操作更加高效，这样就加速了计算并降低了 PCL 中某些算法的成本。

（7）HEIGHT。用点的数目表示点云数据集的高度。类似于 WIDTH，HEIGHT 也有两层解释，它表示有序点云数据集的高度（行的总数），对于无序数据集它被设置成 1（被用来检查一个数据集是有序还是无序）。

（8）VIEWPOINT。指定数据集中点云的获取视点。VIEWPOINT 有可能在不同坐标系之间转换的时候应用，在辅助获取其他特征时也比较有用，例如曲面法线，在判断方向一致性时，需要知道视点的方位。

（9）POINTS。指定点云中点的总数。从 0.7 版本开始该字段就有点多余了，因此有可能在将来的版本中将它移除。

（10）DATA。指定存储点云数据的数据类型。从 0.7 版本开始支持两种数据类型：ASCII 码和二进制。

文件头最后一行（DATA）的下一个字节就被看成是点云的数据部分了，它会被解释为点云数据。

PCD 点云格式示例：

```
VERSION. 7
FIELDS  x y z r g b
SIZE 4 4 4 4
TYPE F F F F
COUNT 1 1 1 1
WIDTH 213
HEIGHT 1
VIEWPOINT 0 0 0 1 0 0 0
POINTS 213
DATA ascii
0. 93773 0. 33763 0 4. 2108e+06
0. 90805 0. 35641 0 4. 2108e+06
```

相较于其他文件格式，PCD 文件格式具有以下几个明显的优势：

（1）存储和处理有序点云数据集的能力。这一点对于实时应用，例如增强现实、机器人学等领域十分重要；

（2）二进制 mmap/munmap 数据类型是把数据下载和存储到磁盘上最快的方法；

（3）存储不同的数据类型，支持所有的基本类型：char，short，int，float，double，使得点云数据在存储和处理过程中适应性强并且高效，其中无效的点通常存储为 NAN 类型；

（4）特征描述子的 n 维直方图。对于 3D 识别和计算机视觉应用十分重要。

4.1.2.4 PTS 格式

保存点云最快捷的方式，被称之为最简便的点云格式，属于文本格式。只包含点坐标信息，按 X-Y-Z 顺序存储，数字之间用空格间隔。PTS 点云格式示例：

0.78093 −45.9836 −2.47675
4.75189 −38.1508 −4.34072
7.16471 −35.9699 −3.60734
9.12254 −46.1688 −8.60547
2.83145 −52.2864 −7.27532

4.1.2.5 XYZ 格式

一种文本格式，前面 3 个数字表示点坐标，后面 3 个数字是点的法向量，数字间以空格分隔。XYZ 点云格式示例：

0.031822 0.0158355 −0.047992 0.000403 −0.0620185 −0.005498
−0.002863 −0.0600555 −0.009567 −0.001945 −0.0412555 −0.001349
−0.001867 −0.0423475 −0.001900 0.002323 −0.0617885 −0.00364

4.1.2.6 PLY 格式

PLY 是 Animator Pro 创建的一种图形文件格式，其中包括用来描述多边形的一系列点的信息。典型的 PLY 文件结构：头部、顶点列表、面片列表、其他元素列表。头部是一系列以回车结尾的文本行，用来描述文件的剩余部分。头部包含一个对每个元素类型的描述，包括元素名（如“边”），这个元素在工程里有多少，以及一个与这个元素关联的不同属性的列表。头部还说明这个文件是二进制的或者是 ASCII 的。头部后面的是一个每个元素类型的元素列表，按照在头部中描述的顺序出现。

相同工程的二进制版本头部的唯一不同的用词“binary_little_endian”或者“binary_big_endian”替换词“ASCII”。大括号中的注释不是文件的一部分，它们是这个例子的注解。文件中的注释一般在“comment”开始的关键词定义行里。PLY 文件示例：

ply

format　ascii　1.0　{ASCII/二进制，格式版本数}

comment　made　by　anonymous　{注释关键词说明，像其他行一样}

comment　this　file　is　a　cube

element　vertex　8　{定义“vertex”（顶点）元素，在文件中有 8 个}

property　float32　x　{顶点包含浮点坐标“X”}

property　float32　y　{y 坐标同样是一个顶点属性}

property　float32　z　{z 也是坐标}

element　face　6　{在文件里有 6 个“face”（面片）}

property　list　uint8　int32　vertex _ index　{“vertex _ indices”（顶点素引）是一列整数}

end _ header　{划定头部结尾}

0　0　0　{顶点列表的开始}

0　0　1

0　1　1

0　1　0

1　0　0

1　0　1

1　1　1

1　1　0

4　0　1　2　3　{面片列表开始}

4　7　6　5　4

4　0　4　5　1

4　1　5　6　2

4　2　6　7　3

4　3　7　4　0

4.1.3　点云数据组织管理方式

三维激光点云作为三维领域中一个重要的数据来源，点云数据主要是表征目标表面的海量点集合，并不具备图像的几何拓扑信息。所以建立离散点间的拓扑关系尤为重要，便于实现基于邻域关系的快速查找。

本小节对常用的两种点云空间索引方法 KD 树和八叉树进行介绍。PCL 对 KD 树和八叉树的数据结构建立和索引方法进行了实现，以方便在此基础上进行其他点云处理操作。

4.1.3.1 KD 树

KD 树由 Jon Louis Bently 于 1975 年提出，KD 树（K-Dimensional Tree）是一种空间划分的数据结构，它是一种二分查找树，通常用于高维空间的搜索，例如基于数量的 K 近邻搜索（K neighbor searches）或者基于范围的近邻搜索（range searches）。K 近邻搜索是给定查询点以及正整数 K，从数据集中找到距离查询点最近的 K 个数据，当 K = 1 时，便是最近邻搜索（nearest neighbor searches）。范围搜索是给定查询点和查询距离的阈值，从数据集中找出所有与查询点距离小于阈值的数据。KD 树能够在 K 维空间中使用，对于三维点云数据，K 的维度是 3。利用 KD 树划分三维空间示意图如图 4-3 所示。

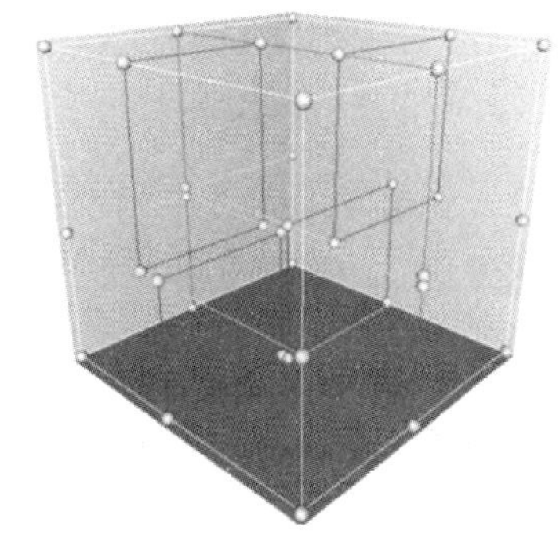

图 4-3 KD 树划分三维空间

KD 树的每一级在指定维度上分开所有的子节点。在树的根部所有子节点是以第一个指定的维度上被分开（如果第一维坐标小于根节点的点它将分在左边的子树中，如果大于根节点的点，它将分在右边的子树中。）树的每一级都在下一个维度上分开，所有其他的维度用完之后就回到第一个维度。在构建 KD 树时是在每个维度上构建二叉树，每个节点是 K 维的数据，将无序化的点云进行有序化排列。在进行搜索时，利用先前建立的数据组织方式进行索引查找，方便高效的检索。

如何利用 KD 树结构来组织数据，为了清晰表述原理，下面以二维数据点举例说明，如图 4-4 所示。

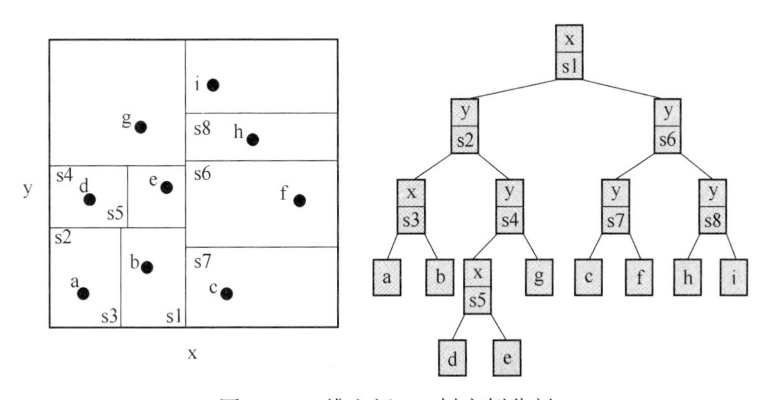

图 4-4 二维空间 KD 树实例分割

对于 N 个点，当利用 KD 树构建一个平衡树，层数为 log(n)，在每一层中排序并寻找中间点的复杂度是 nlog(n)，因此 K 维树的时间复杂度是 O(nlogn * logn)。

在实际使用中可以选取一些策略来降低时间复杂度，例如，每次在一个维度上划分为两部分时，可以利用部分点进行排序，然后选择中值；利用平均值代替中值。以上两个策略不能保证构建的 KD 树是平衡树，但会减少大量的计算量。

4.1.3.2　八叉树

八叉树（octree）是 1978 年由 Hunter 博士提出的一种数据模型。八叉树通过对三维空间的几何实体进行体元（octant）剖分，每个体元具有相同的时间和空间复杂度，通过循环递归的划分方法对大小为 2n * 2n * 2n 的三维空间的几何对象进行剖分，从而构成一个具有根节点的方向图。在八叉树结构中如果被划分的体元具有相同的属性，则该体元构成一个叶节点；否则继续对该体元剖分 8 个子立方体，依次递归剖分，对于 2n * 2n * 2n 大小的空间对象，最多剖分 n 次。利用八叉树划分三维空间示意图如图 4-5 所示。

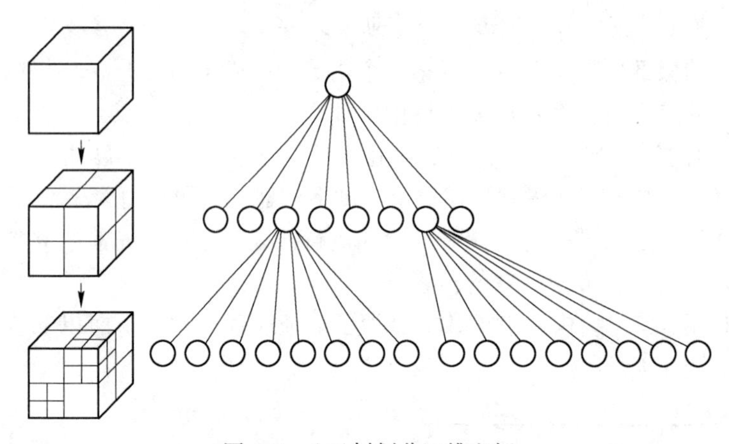

图 4-5　八叉树划分三维空间

八叉树有三种不同的存贮结构，分别是规则方式、线性方式以及一对八方式。相应的八叉树也分别称为规则八叉树、线性八叉树以及一对八式八叉树。不同的存贮结构的空间利用率及运算操作的方便性是不同的。分析表明，一对八式八叉树优点更多一些。

规则八叉树的存贮结构用一个有九个字段的记录来表示树中的每个节点。其中一个字段用来描述该节点的特性（在目前假定下，只要描述它是灰、白、黑三类节点中哪一类即可），其余的八个字段用来作为存放指向其八个子节点的指针。这是最普遍使用的表示树形数据的存贮结构方式。规则八叉树缺陷较多，最大的问题是指针占用了大量的空间。假定每个指针要用两个字节表示，而节点的描述用一个字节，那么存放指针要占总的存贮量的94%。因此，这种方法虽然十分自然，容易掌握，但在存贮空间的使用率方面不很理想。

线性八叉树注重考虑如何提高空间利用率。用某一预先确定的次序遍历八叉树，例如以深度第一的方式，将八叉树转换成一个线性表，表的每个元素与一个节点相对应。对于节点的描述可以丰富一点，例如用适当的方式来说明它是否为叶节点，如果不是叶节点时还可用其八个子节点值的平均值作为非叶节点的值等等。这样，可以在内存中以紧凑的方式来表示线性表，可以不用指针或者仅用一个指针表示即可。

一个非叶节点有八个子节点，为了确定起见，将它们分别标记为0，1，2，3，4，5，6，7。从上面的介绍可以看到，如果一个记录与一个节点相对应，那么在这个记录中描述的是这个节点的八个子节点的特性值。而指针给出的则是该八个子节点所对应记录的存放处，而且还隐含地假定了这些子节点记录存放的次序。也就是说，即使某个记录是不必要的，例如，该节点已是叶节点，那么相应的存贮位置也必须空闲在那里，以保证不会错误地存取到其他同辈节点的记录。这样当然会有一定的浪费，除非它是完全的八叉树，即所有的叶节点均在同一层次出现，而在该层次之上的所有层中的节点均为非叶节点。

实现八叉树的步骤如下：

(1) 设定最大递归深度。

(2) 找出场景的最大尺寸，并以此尺寸建立第一个立方体。

(3) 依序将单位元元素丢入能被包含且没有子节点的立方体。

(4) 若没有达到最大递归深度，就细分八等份，再将立方体内的元素全部划分给八个子立方体。

(5) 若发现子立方体所分配到的单位元元素数量不为零且跟父立方体是一样的，则该子立方体停止细分，因为根据空间分割理论，细分的空间所得到的分配必定较少，若是一样数目，则再怎么切数目还是一样，会造成无穷切割的情形。

(6) 重复步骤 (3)，直到达到最大递归深度。

KD树子节点个数为2，八叉树子节点个数为8。八叉树相比于KD树的优势是可以提前中止搜索。划分立方体的依据是叶子节点中点的数量或者立方体的最小边长。

对于1NN搜索的时间复杂度是O(logn)，对于KNN或者RNN搜索的时间复杂度比较难确定，这取决于点云的分布和搜索点的个数，复杂度大致在O(logn)到O(n) 之间。

PCL中八叉树库提供了八叉树的数据结构，利用FLANN进行快速领域检索，邻域检索在匹配、特征描述子计算、邻域特征提取中是非常基础的核心操作。八叉树模块利用了十几个类实现了利用八叉树数据结构对点云的高效管理和检索，以及相应的一些空间处理的算法，比如压缩、空间变化检测等。

八叉树算法的实现简单，但是如果点云数据属于海量数据时，比较困难的是最小粒度（叶节点）的确定，粒度较大时，有的节点数据量可能仍比较大，后续查询效率仍比较低，反之，粒度较小，八叉树的深度增加，需要的内存空间也比较大（每个非叶子节点需要八个指针），效率也降低。而等分的划分依据，使得在数据重心有偏斜的情况下，受划分深度限制，其效率不是太高。

KD 树在邻域查找上比较有优势，但在大数据量的情况下，若划分粒度较小时，建树的开销也较大，但比八叉树灵活些。在小数据量的情况下，其搜索效率比较高，但在数据量增大的情况下，其效率会有一定的下降，一般是线性上升的规律。也有将八叉树和 KD 树结合起来的应用，应用八叉树进行大粒度的划分和查找，而后使用 KD 树进行细分，效率会有一定的提升，但其搜索效率变化与数据量的变化呈线性关系。

4.2　三维激光点云数据处理流程

三维激光扫描点云数据处理是一个复杂的过程，从数据获取到模型建立，需要经过一系列的数据处理过程，针对三维激光点云数据处理流程不同学者的观点不太一致，但是基本步骤大致相同。

国家测绘地理信息局发布的《地面三维激光扫描作业技术规程》（CH/Z 3017—2015）中说明数据预处理流程包括点云数据配准、坐标系转换、降噪与抽稀、图像数据处理和彩色点云制作。

本章将三维激光点云数据处理流程划分为点云匹配、点云去冗、点云去噪、点云精简、点云分割和点云聚类，并逐一进行展开描述。

4.3　点云数据匹配

点云匹配、点云配准、点云拼接、点云注册说的是同一概念，类似于数学上的映射问题，即找到一个变换关系来对齐两组点云，变换关系由旋转矩阵 R 和平移矩阵 T 构成，从而将一个坐标系下的点云数据转换到另一个坐标系中。主要分为两步，一是寻找对应关系，二是解算变换参数。点云配准示意图如图 4-6 所示。

4.3.1　迭代最临近点匹配

4.3.1.1　ICP 算法

迭代最临近点算法（Iterative Closest Point，ICP），也称作 Point-to-Point ICP，

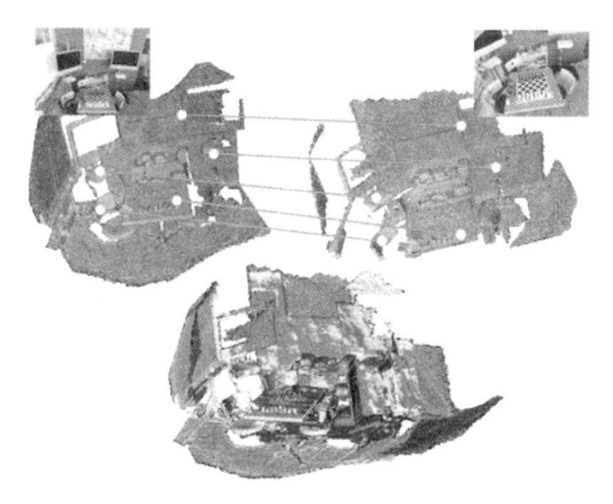

图 4-6 点云配准示意图

利用待匹配的两帧点云欧式距离最小化，恢复相对位姿变换信息。ICP 方法分为已知对应点的求解和未知对应点的求解两种，其中已知对应点的情况能够直接计算出 R 和 T 的闭式解，而未知对应点的求解需要进行迭代计算，是期望最大化 EM 算法的一个特例，迭代计算变换矩阵和源点云，ICP 算法的大体流程如下：

第一步，给定两个对应点集，源点集 P，目标点集/参考点集 Q；

第二步，寻找匹配点，在目标点集 Q 中寻找每个 p_i的对应点，移除误差较大的点对，例如，点对的欧式距离过大；

第三步，利用最小二乘方法计算变换矩阵。

最小化目标函数：

$$R,t = \arg_{R,\ t}\min E(R,\ t) = \arg_{R,t}\min \frac{1}{n}\sum_{i=1}^{n} \| q_i - R_{p_i} - t \|^2 \tag{4-1}$$

计算点集中心点：

$$\mu_p = \frac{1}{n}\sum_{1}^{n} p_i \quad \mu_q = \frac{1}{n}\sum_{1}^{n} q_i \tag{4-2}$$

计算去中心点：

$$P^* = (p_i - \mu_p)\ Q^* = q_i - \mu_q \tag{4-3}$$

奇异值 SVD 分解：

$$Q^* P^{*T} = U \sum V^T \tag{4-4}$$

计算变换矩阵：

$$R = UV^T \quad t = \mu_q - R\mu_p \tag{4-5}$$

第四步，评估是否收敛。收敛条件：$E(R,\ t)$ 足够小或者 ΔR 和 ΔT 足够小，如果不收敛，变换源点云，重复步骤二～四。

4.3.1.2 PL-ICP 算法

点线迭代最邻近算法（Point-to-Line ICP，PL-ICP）是 ICP 变种算法，其思想是激光点对实际环境的曲面的离散采样，重要的不是激光点，而是隐藏在激光点中的曲面，用分段线性的思想来对实际曲面进行近似，从而定义当前帧激光点到曲面的距离，即点到直线的距离。PL-ICP 算法的大体流程如下：

第一步，把当前帧的数据根据初始位姿投影到参考帧的坐标系下；

第二步，对于当前帧的点 i，在参考帧中找到最近的两个点（j_1，j_2）；

第三步，计算直线误差，并去除误差过大的点；

第四步，代入最小化误差函数求解，点到直线的误差。

$$R(\theta_{k+1}),\ t_{k+1} = \min \sum_{i} \{ n_i^{\mathrm{T}} [R(\theta_{k+1}) p_i + t_{k+1} - p_{j_1^i}] \}^2 \tag{4-6}$$

4.3.1.3 PP-ICP 算法

点面迭代最邻近点算法（Point-to-Plane ICP，PP-ICP）是 ICP 变种算法，相较于前两个算法利用了更多的邻域信息。PP-ICP 算法的大体流程如下：

第一步，给定两个对应点集，源点集 P，目标点集/参考点集 Q；

第二步，寻找匹配点，在目标点集 Q 中寻找每个 p_i 的对应点，移除误差较大的点对，例如，点对的欧式距离过大；

第三步，利用线性最小二乘优化方法计算变换矩阵，

$$R,\ t = \arg_{\mathrm{R,t}}\min E(R,\ t) = \arg_{\mathrm{R,t}}\min \sum_{i=1}^{N} [(R_{p_i} + t - q_i)^{\mathrm{T}} n_i]^2 \tag{4-7}$$

$$\hat{x} = \arg\min_{x} E(x) = \| Ax - b \|^2 = (A^{\mathrm{T}}A)^{-1}A^{\mathrm{T}}b,\ A \in N \times 6,\ b \in N \tag{4-8}$$

$$\hat{x} = [\alpha,\ \beta,\ \gamma,\ t_x,\ t_y,\ t_z]^{\mathrm{T}} \tag{4-9}$$

第四步，评估是否收敛。收敛条件：$E(R,\ t)$ 足够小或者 ΔR 和 Δt 足够小，如果不收敛，变换源点云，重复步骤二~四。

ICP、PL-ICP 与 PP-ICP 比较如表 4-2 所示。

表 4-2 ICP、PL-ICP 与 PP-ICP 算法比较

ICP 种类	误差函数	求解精度	特 点
ICP	点到点距离	较低	计算成本大；由于激光点的不连续性，ICP 会造成误匹配引入额外的误差，在退化环境中会迅速的累积误差，如长直的走廊
Point-to-Line ICP	点到线距离	较高	PL-ICP 相比 ICP 对初始值更敏感，求解精度高于 ICP，特别是在结构化环境中，对于大旋转情况下算法不够鲁棒，收敛速度高于 ICP
Point-to-Plane ICP	点到平面距离	高	相较于前两个算法利用了更多的邻域信息

4.3.1.4 Plane-to-Plane ICP 算法

与前三个算法只考虑目标点云的局部结构不同，该方法既考虑目标点云的局部结构，也考虑源点云的局部结构，误差函数是计算平面到平面的距离。Plane-to-Plane ICP 算法的大体流程如下：

第一步，把当前帧的数据根据初始位姿投影到参考帧坐标系下；

第二步，对于当前帧的点 i，在参考帧中找到最近的两个点（j_1，j_2）；

第三步，计算直线误差，并去除误差过大的点；

第四步，代入最小化误差函数求解，平面到平面的误差。

$$R(\theta_{k+1}),\ t_{k+1} = \min \sum_{i} \{ n_i^{\mathrm{T}} [R(\theta_{k+1}) p_i + t_{k+1} - p_{j_1^i}] \}^2$$

4.3.1.5 NICP 算法

Normal ICP，法向量 ICP，替换原始 ICP 方法中对应点的匹配，充分利用实际曲面的特征来对错误的匹配点进行滤除，主要的特征为法向量和曲率。误差项除了考虑对应点的欧式距离外，还要考虑对应点法向量的角度差异。Normal-ICP 算法大体流程如下：

第一步，计算参考激光帧和当前激光帧中每一个点的法向量和曲率。

第二步，根据当前解，把当前激光帧的点转换到参考坐标系中，并且根据欧式距离、法向量、曲率等信息来选择匹配点。

第三步，利用非线性最小二乘 L-M 算法求解目标函数，迭代收敛即可得到两帧激光数据之间的相对位姿。

4.3.1.6 IMLS-ICP 算法

Implicit Moving Least Squares ICP，隐式移动最小二乘 ICP，基本思想是由于实际曲面的显式方程难以求出，实际是求点到曲线的距离，拟合一个曲面，点云中隐藏着真实的曲面，从参考帧点云中把曲面重建出来，曲面重建的越准确，对真实世界描述越准确，匹配的精度越高。

选择具有代表性的激光点来进行匹配，既能减少计算量同时又能减少激光点分布不均匀导致的计算结果出现偏移。代表性激光点的选取是基于法向量和特征值，计算每个点的九维特征，其中前六维数据和旋转相关，后三维数据和平移有关。通过最小化点到隐式表面的距离，从而计算出最优的变换矩阵。

当前帧中点 x 到隐式表面的距离定义为：

$$I^{P_k}(x) = \frac{\sum_{p_i \in P_k} W_i(x)[(x - p_i) \cdot \vec{n}_i]}{\sum_{p_j \in P_k} W_j(x)} \tag{4-10}$$

式中，n_i为 P_k中离点 x_i最近的点的法向量；$W_i(x)$ 为第 i 个点的权重，权重的计算公式为：

$$W_i(x) = \mathrm{e}^{-\| x-p_i \|^2/h^2} \tag{4-11}$$

式中，h 是人为设定的参数。则点 x_i在曲面上的投影 y_i为：

$$y_i = x_i - I^{P_k}(x_i) \cdot n_i \tag{4-12}$$

目标函数为：

$$\min \sum [(Rx_i + t - y_i) \cdot n_i]^2 \tag{4-13}$$

PP-ICP 与 IMLS-ICP 的区别如图 4-7 所示，其中每一行的上半部分是目标点云，下半部分是当前帧点云，黑色虚线表示 IMLS 曲面，第一行表示 PP-ICP 匹配的第一次迭代和最后一次迭代，第二行表示 IMLS-ICP 匹配的第一次迭代和最后一次迭代，可以看出 IMLS-ICP 使扫描更好的收敛于隐式曲面，更符合真实情况。

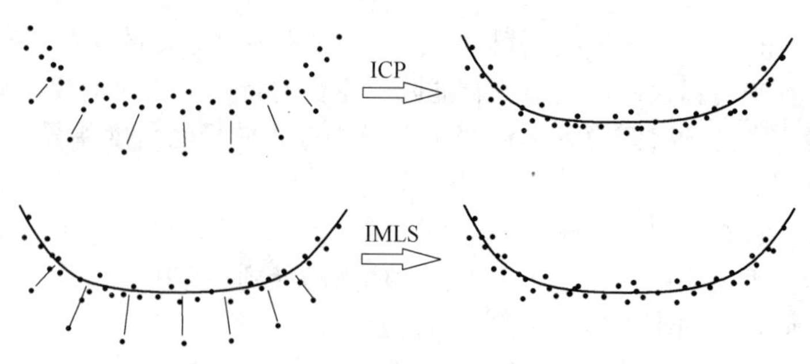

图 4-7　PP-ICP 与 IMLS-ICP 匹配算法对比

4.3.1.7　基于线面特征的 ICP

利用每一帧的全部激光点云进行匹配，其计算量无疑是巨大的，例如兆线激光雷达每秒的激光点数为 28 万个，而且存在许多杂乱冗余的点，影响点云的匹配质量，因此可利用特征点代替全部点进行匹配，首先在全部点云中提取特征点，目前比较流行的是提取线（边缘）特征点或者平面特征点，然后结合类似 ICP 算法完成点云配准。

该配准方法实时性较好，多用于 3D 激光 SLAM 算法中。例如 3D 激光 SLAM 方案 LOAM，在每帧点云数据中专注于线特征点和平面特征点，利用点与直线的匹配和点与平面的匹配，联合点到直线距离和点到平面距离最小化，完成前端扫描匹配即点云配准工作。图 4-8 表示原始点云，图 4-9 表示提取的特征点，类似的前端匹配策略还有 ALOAM、Lego-LOAM、LIO-SAM、LIO-maping、LINS、LOAM _ livox 等方案。

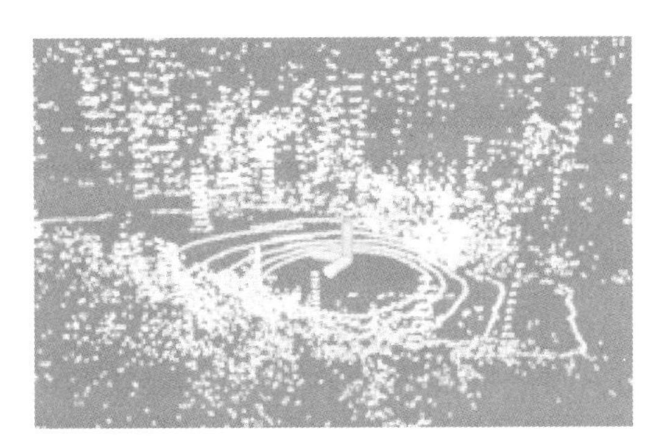

图 4-8 原始点云

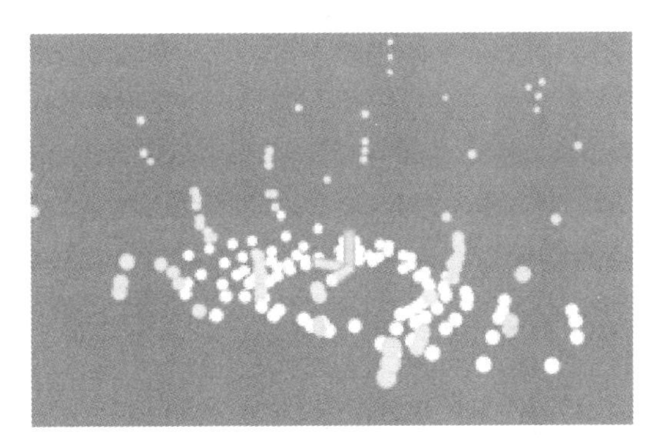

图 4-9 特征点云

点到直线的几何约束关系如图 4-10 所示。

点到直线的距离如公式（4-4）所示：

$$D_{\mathrm{e}}=\frac{|(X_{(k+1,i)}-X_{(k,j)})\times(X_{(k+1,i)}-X_{(k,l)})|}{|X_{(k,j)}-X_{(k,l)}|} \tag{4-14}$$

点到平面的几何约束关系如图 4-11 所示。

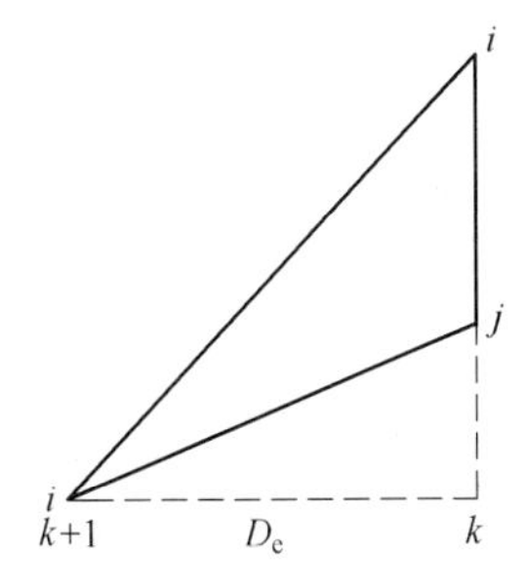

图 4-10 点到直线距离 D_{e}

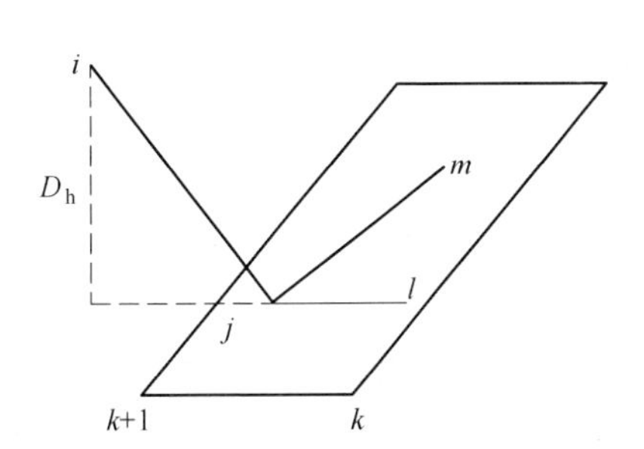

图 4-11 点到平面距离 D_{h}

点到平面的距离如公式（4-15）所示：

$$D_{\mathrm{h}} = \frac{(X_{(k+1,i)} - X_{(k,j)}) \cdot [(X_{(k,j)} - X_{(k,l)}) \times (X_{(k,j)} - X_{(k,m)})]}{(X_{(k,j)} - X_{(k,l)}) \times (X_{(k,j)} - X_{(k,m)})} \tag{4-15}$$

大体匹配过程如下：

第一步，获取初始配准位姿 T；

第二步，基于位姿 T，根据特征点云坐标，计算雅各比矩阵 $\boldsymbol{J}$ 和 $f(x)$；

第三步，计算 $\boldsymbol{J}^{\mathrm{T}}\boldsymbol{J}$ 和 $-\boldsymbol{J}^{\mathrm{T}}f(x)$；

第四步，求解 $J^{\mathrm{T}}J\Delta x = -J^{\mathrm{T}}f(x)$ 中的 Δx；

第五步，更新位姿 $T = T + \Delta x$；

第六步，迭代步骤二~五直至旋转和平移增量小于阈值即收敛。

上述过程中，雅各比矩阵 $\boldsymbol{J}$ 是损失函数即点到直线距离或者点到平面的距离对位姿变量的偏导数，是一个 $m * n$ 的矩阵，m 是特征点云中点的总数，线特征或平面特征，n 是待优化的位姿变量，$f(x)$ 是损失函数的结果即点到直线的距离或者点到平面的距离。

4.3.2　基于优化的点云匹配

基于优化或者势场的方法，与迭代最邻近点算法不一样，不需要匹配点。简单来说就是对某段连续的激光点进行高斯平滑或者膨胀，再用分数评价，离激光点越近，得分越高，人为地构造出一个得分势场，因此只要比较得分即可，不需要匹配点。

4.3.2.1　高斯牛顿优化方法

给定一个目标函数，把激光数据扫描匹配问题建模成非线性最小二乘优化方法来求解目标函数的极值问题，该方法帮助限制误差的累积。基于优化的方法最大问题是对初值敏感，若初值选择恰当，由于对地图进行插值，建图精度往往会比较高。典型代表是 Hector-SLAM 中的点云连续配准方法。对于非线性最小二乘问题，可以用如下数学表达式来描述：

$$x = \operatorname{argmin} F(x) = \operatorname{argmin} \frac{1}{2} \| f(x) \|_2^2$$

如果 $f(x)$ 数学表达式比较简单，可以直接对 $F(x)$ 求导，并令其等于 0，可以求出极值。对于无法求导的情况，一般用迭代法求解 Δx，求解的迭代值不断的趋使 $F(x)$ 趋近最小值，直到 Δx 变化很小或者达到最大迭代次数。那么关键问题在于求取 Δx，为了避免牛顿法求解海塞矩阵难的问题，高斯牛顿法先对函数 $f(x)$ 进行一阶泰勒展开，然后得到 $F(x)$ 近似表达式，然后另其导数为 0，求取 $F(x)$ 局部最小时的 Δx，然后不断迭代，直至达到收敛条件。

4.3.2.2 正态分布变换

正态分布变换算法（Normal Distribution Transformation，NDT），最开始作为一种二维的匹配方法，由 Magnusson M 等人将该算法应用到三维的匹配中。基本思想是先根据参考帧数据来构建多维变量的正态分布，如果变换参数能使两幅激光数据匹配得很好，那么变换点在参考系中的概率密度将会很大。因此，可以考虑用优化的方法求出使概率密度之和最大的变换参数，此时两帧激光点云数据匹配的最佳。原始点云如图 4-12 所示，对原始点云进行 NDT 描述如图 4-13 所示。

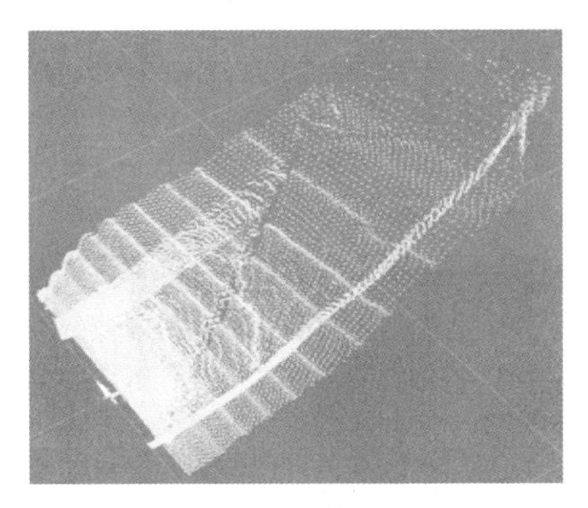

图 4-12 原始点云

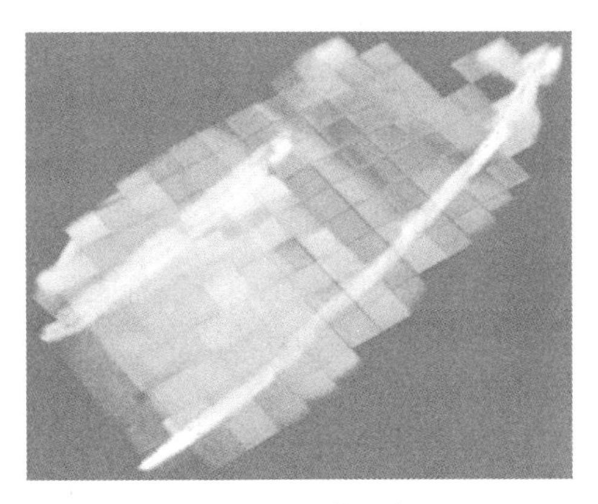

图 4-13 NDT 描述点云

NDT 点云匹配的大体流程如下：

第一步，对目标点云进行 NDT 描述，计算每个栅格的均值 μ 和协方差矩阵 $\boldsymbol{\Sigma}$，计算三个参数约束 d_1，d_2，d_3；

第二步，初始化变换矩阵参数 p；

第三步，迭代计算。通过参数 p 变换源点云，计算代价函数、雅各比矩阵、海森矩阵，利用牛顿法更新变换矩阵参数 p。

NDT 虽然没有解析解，但是在迭代过程中做了很多近似，$\boldsymbol{H}$ 矩阵和 $\boldsymbol{J}$ 矩阵是有解析解的，使得计算过程快。相较于 ICP 算法，对初始配准参数不敏感，不用进行临近搜索，计算量小，速度较快。计算过程略显复杂，对体素栅格的分辨率有一定要求。

4.3.2.3　相关性扫描匹配算法

相关性扫描匹配算法（Correlation Scan Match，CSM），该匹配算法的基本思想是通过枚举似然场中的每一个位姿，选择匹配度最高的位姿。由于匹配的似然场模型高度非凸，存在很多局部极值，因此对初始位姿非常敏感，但 CSM 算法进行暴力匹配，排除初始位姿的影响。

CSM 算法的大体流程如下：

第一步，构造似然场，即对其进行高斯模糊；

第二步，在指定的搜索空间内，进行搜索，计算每一个位姿的得分；首先构造粗分辨率和细分辨率两个似然场；然后在粗分辨率似然场上进行搜索，获取最优位姿；把粗分辨率最优位姿对应的栅格进行细分辨率划分，再进行细分辨率搜索，再次得到最优位姿。

第三步，根据步骤二中的位姿的得分，计算本次位姿匹配的方差。

其中粗分辨率地图栅格的似然值为对应的细分辨率地图对应空间的所有栅格的最大值。该方法是对环境分辨率细分的，精度会受限于分辨率。

CSM 算法能够通过加速策略来降低计算量，例如分枝定界方法，典型应用是 Cartographer 方案中的连续点云配准方法。

4.3.3　基于特征描述子的匹配

基于特征描述子的点云匹配方法 Segmatch，其特征是介于特征点和特征目标的一种特征“段”，由某一目标上一系列点构成。整体思路是点云分割、特征描述子提取、点云匹配和几何验证。

特征描述子的提取是基于聚类后的点云，首先计算聚类 C_i 的特征描述向量 $f_i=\{f_i^1, f_i^2, \cdots, f_i^m\}$，在该算法中选择两个类型的特征向量：

（1）代表几何特性的特征值，共 7 维。比如直线度、平面度、散度等等；

（2）10 个由 D_2、D_3、A_3 函数编码的直方图，共 640 维。其中 D_2 表示随机选取点对，对其距离统计得到的直方图；D_3 表示随机选取 3 点构成面积的直方图；A_3 表示随机选取 3 个点，其中两连线夹角的直方图。

经过点云分割和特征描述子提取后，目标点云和源点云不再是两堆无序杂乱的点，而是特征向量序列。点云匹配的工作是找到两堆特征向量序列之间一一对

应的关系。在 Segmatch 算法中，采用机器学习中分类器进行判断。为保证计算效率，首先利用 KD 树对所有特征向量进行快速搜索，得到潜在的匹配对象，然后将潜在的匹配对象放入分类器中寻找匹配关系。分类器采用随机森林算法实现，由一系列的决策树组成，分类时各个决策树对是否是正确的匹配进行投票。评判的依据：对于几何特征值，直接计算差值 $\Delta f^1 = |f_i^1 - f_j^1|$，与 f_i^1 和 f_j^1 一起放入分类器中；对于直方图，计算它们的交叉核，放入分类器中。随后，几何验证的方法采用 RANSAC 方法。

4.3.4 RANSAC 匹配

基于 RANSAC（Random Sampling Consistency，随机采样一致性）的配准方法是按照几何位置关系的约束，从两片三维点云中随机选择 3 对及其以上的对应点作为样本子集，使用最小方差估计算法计算该样本子集的变换关系，并评估配准结果的质量。迭代的执行该过程足够多次，以确保能以极大的概率获取到最优的配准质量。该算法的匹配结果具有一定的随机性，无法保证每次得到的配准结果均相同，同时需要进行大量的迭代计算，耗时较长。RANSAC 常用于三维点云的粗略配准。

4.3.5 采样一致性匹配

由于采样一致性匹配通常用于三维点云的粗略配准，因此也称作采样一致性初始配准算法（Sample Consensus Initial Aligment，SAC-IA），SAC-IA 算法的大体流程如下：

（1）从 P 中选择 s 个样本点，同时确定它们的配对距离大于用于设定的最小值 $d_{\min}$。

（2）对于每个样本点，在 Q 中找到满足直方图和样本点直方图相似的点存入一个列表中。从这些点中随机选择一些代表采样点的对应关系。

（3）计算通过采样点定义的刚体变换和其对应变换，计算点云的度量错误来评价转换的质量。

核心思想是通过查看大量的对应关系，快速找到一个好的变换。重复以上三个步骤直至取得存储了最佳度量错误，并使用暴力配准部分数据。最后使用 LM 算法进行非线性局部优化。

4.3.6 基于控制点的匹配

基于控制点的匹配即直接利用外部控制点将扫描坐标系转换至外部坐标系，从而实现多视点云数据的配准。首先在待扫描区域建立统一控制网。然后将研究区域划分为若干子区域，每一个子区域内布设靶标，靶标个数不少于三个。利用地面激光扫描仪对每一子区域进行扫描，同时利用全站仪实测靶标坐标（x，y，z），得到靶标在统一控制网坐标系下的坐标。提取靶标在当前扫描仪坐标系下的坐标（x，y，z）利用标靶的两套坐标，获取每一子区域扫描仪坐标与全站仪坐标的变换参数。由于全站仪测得的靶标坐标已经在一个统一的控制网坐标系下，因此利用每一子区域的变换参数将每站扫描数据转换到全站仪坐标系下，就构成在外部控制坐标系下的点云数据。

4.4　点云数据去冗

点云去冗是指多站点云之间存在重复扫描的数据体，在保留非重复扫描的数据体的原始数据分辨率情况下，对于重复扫描的数据体进行简化处理。

三维激光点云数据去冗的方法，按数据组织方式划分，主要分为两类，均匀网格法和 TIN 法。

4.4.1　均匀网格法

在垂直于扫描方向的平面上建立一系列均匀的网格，每一个扫描点都被分配给某一个网格，计算出各点到网格的距离，并按距离大小排列，取距离位于中间值的数据点代表这个网格中的数据点，剔除其他点。该方法能较好地适用于扫描方向垂直扫描表面的单块数据，克服了样条曲线的限制，但均匀网格的使用会导致部分特征点丢失。

4.4.2　不规则三角网法

这类方法首先建立数据点云的 TIN，然后比较数据点所在三角面片的临近三角面片法向量，根据一种向量加权算法，在平面或近似平面的较平坦区域用大的三角面片取代小三角面片，删除多余点。该方法能较好地保留表面特征，但首先需对数据点云进行三角网格化处理，而复杂平面和大量散乱数据点云的三角网格化处理非常复杂，效率低下，故在实际应用中受到一定限制。

4.4.3　栅格法

将点云数据按照空间栅格进行划分，去冗的最终栅格大小即是点云分辨率。首先进行栅格内点云精确配准，然后以距离测站远近来判断优先级顺序，即以距离定权（离测站距离越近权重越大，反之权重越小）进行点云去冗，按照密度计算空间栅格步长计算公式如下：

$$L = \sqrt[3]{\alpha D^3 / n} \tag{4-16}$$

式中，L 为步长；D^3 为最小外包盒体积；α 为密度系数；n 为栅格个数。

然后在单个栅格内（单个栅格的大小即是点云分辨率）选择距离栅格中心

最近的点块数据作为基准，构建点 k 邻域，最后依据点的邻域密度进行其他点块的选取。

4.5 点云数据去噪

在对感兴趣区域进行扫描时不可避免地会在目标点云附近存在噪声点，这些噪声点会影响后续的点云处理和点云三维建模效果，因此点云数据去噪处理十分必要。

4.5.1 基于统计的去噪

对每个点的邻域进行统计分析，剔除不符合一定标准的邻域点。稀疏离群点移除方法基于在输入数据中对点到临近点的距离分布的计算。大体流程如下：

第一步，对于每个点，计算它到所有相邻点的平均距离。假设得到的分布是高斯分布，可以计算均值和标准差；

第二步，将平均距离在区间 $\mu + std\_mul * \delta$ 之外的点视为离群点，std_mul 表示标准差倍数的阈值。

在 PCL 库中的实现：

```
pcl:: StatisticalOutlierRemoval<pcl:: PointXYZ> sor; //滤波器对象
sor.setInputCloud (cloud);                          //待滤波的点云
sor.setMeanK (50);                                  //统计时考虑的临近点个数
sor.setStddevMulThresh (1.0);                       //倍乘标准差即 std_mul
sor.filter ( *cloud_filtered);                      //滤波结果 cloud_filtered
```

4.5.2 基于半径的去噪

根据空间点半径范围临近点的数量提出离群点，需要用户指定每个点一定范围内至少要有足够多的近邻点，不满足就会被删除。如图 4-14 所示，若设定搜索半径为 d，最少的邻点数量为 1，则 3 号点将被视为离群点，若最少的邻点数量为 2，则 1 号点和 3 号点都被视为离群点。

在 PCL 库中的实现：

```
pcl:: RadiusOutlierRemoval<pcl:: PointXYZ> outrem;    //创建滤波器对象
outrem.setInputCloud (cloud);                       //设置带滤波的点云
outrem.setRadiusSearch (0.8);                       //设置搜索半径
outrem.setMinNeighborsInRadius (2);                 //设置最少的近邻点数量
outrem.filter ( *cloud_filtered); //滤波结果存储到 cloud_filtered
```

4.5.3 基于双边滤波去噪

双边滤波算法主要用于对点云数据的小尺度起伏噪声进行平滑光顺。双边滤

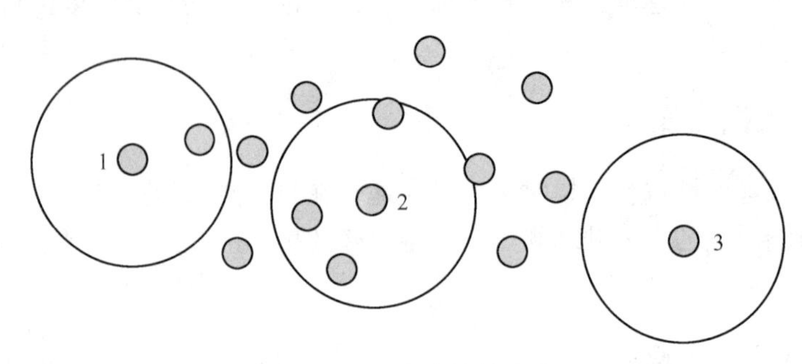

图 4-14　基于半径的滤波

波的大体步骤如下：

（1）计算每个数据点的 k 邻域点集；

（2）计算每个点的双边滤波的空间域函数和频率域权重函数，它们分别控制着双边滤波的平滑程度和特征保持程度；

（3）计算高斯核函数；

（4）计算出双边滤波因子；

（5）计算滤波后的数据点。

使用双边滤波的前提是激光点云数据具有强度信息。双边滤波应用于三维点云数据去噪，既可有效地对空间三维模型表面进行降噪，又可以保持点云数据中的几何特征信息，避免三维点云数据被过度光滑。

4.6　点云数据精简

数据精简的概念：以最少数量的数据点，最大限度地保持初始点云集合所表示的三维物体表面的集合结构特征。

衡量一个点云精简方法的优劣，并不能只看简化后点云数据量越小越好，也不能只看简化的速度越快越好，而是应该看是否能够用最少的数据点表示最多的信息，并在此基础上追求更快的速度。

（1）精度。即期望简化后点云数据拟合所得的面和真实曲面之间的误差尽量小，必须保证误差在一个可以容忍的范围内，并尽可能地保留原始点云的集合特征。

（2）简度。即期望简化后点云相对于原始点云的百分比要低，简化应在保证一定的精度上尽可能地去减少数据，但某些场合太少的数据点也会给后续建模带来困难，所以应根据实际需要选择合适的简化度。

（3）速度。在保证精度和简度的前提下应追求更高的效率和更快的速度。

4.6.1 基于格网的精简

格网法的基本思想是首先利用长方体包围盒来约束点云，接着将整个大的包围盒按照一定的大小分割成一个个小立方体栅格（具体小立方体栅格的边长取决于设定的分辨率大小），最后在小栅格中选取质心点或者是中心点来代替整个栅格中的点。格网法简单高效，容易实现，是一种简单的基于空间准则的简化方法，对于表面不复杂和曲率变化不大的物体的点云数据简化很有效，简化后的点云比较均匀，能够反映模型的简单轮廓特征，但是当物体表面有曲率大的曲面时，该曲面的简化就不能很好地保持原有的模型特征，也无法确保简化后的精度。因此，格网法主要适用于模型表面形状相对简单并且对精度要求不高的场合。

4.6.2 基于曲率的精简

基于曲率的精简方法的基本思想是在曲率大的区域不能过度简化，应该保留足够多的点来表达模型的几何特征；而在曲率相对较小的区域只保留少量点，减少数据点的冗余。这是因为点云模型的曲率大小对应着模型中的几何特征分布，表示了点云模型的内部属性，对于曲率大的区域，模型的表面变化相对剧烈，特征也就比较明显；而在曲率较小的区域，模型表面变化相对平缓，因此特征相对不明显。基于曲率简化算法的优点在于能够准确有效地保留原始模型的细节特征信息，并且能够有效地减少数据量，减少冗余。其不足之处在于时间消耗多，并且在曲率相对小的区域，由于去除了过多的点造成了局部空洞现象，会影响后期三维建模等操作。

4.6.3 基于特征的精简

特征点是描述几何特征的关键元素，该方法首先进行点云空间的划分及邻域关系的建立，然后利用邻域弯曲度进行特征点与非特征点的区分，之后将所有点云根据邻域弯曲度划分成 4 个集合，根据单个点邻域内 4 种影响程度不同的点所占比例的高低情况设计出点云的自适应简化距离阈值，最后在保留特征点的基础上对点云进行自适应简化。

4.6.4 基于法向的精简

将删除一个数据点在曲面法方向引起的误差大小作为数据点删除的依据。但由于待重构曲面是未知的，删除一点后重构的曲面更是未知的，如何计算删除一点可能引起的法向误差是问题的关键。为此，根据每个数据点 P_i 及临近点集 $K(P_i)$，构造曲面 S 在点 P_i 处的近似切平面 V_i，V_i 取为 $K(P_i)$ 的最小二乘拟合平面，以临近形心 O_i 和单位法矢量 n_i 来表示，假设 $K(P_i)$ 真实地表达了重构曲面在 P_i 点附近的几何形状信息，则 S 在 P_i 处的曲率最大，点 P_i 到相应平面的距离就会越大，因此，以数据点到与之对应的最小二乘拟合平面间的垂直距离 d_i 作为删除该点引起的近似法向偏差。

邻近点的个数 k 的选择对算法的影响比较大，若 k 值过大，则即使较远的点也参与计算，也会使 $N(P_i)$ 不够“局部化”，从而导致 $K(P_i)$ 不能很好地反应曲面在点 P_i 的局部几何信息，所以 k 值的选取必须保证曲面在 $K(P_i)$ 处是单凸或单凹的；若 k 值过小，则当数据点在各方向分布不均匀时，会使 V_i 不能代表曲面在 P_i 处的切平面，也会最终导致 d_i 不能很好地反应删除点 P_i 引起的法向误差。

4.6.5　基于几何图像的精简

基于几何图像的简化算法采用简单的球面极坐标映射法，分两步完成点云数据模型到几何图像的转换。首先根据笛卡尔坐标和球面极坐标的转换关系，将每个采样点的笛卡尔坐标（x_i，y_i，z_i）转换为球面极坐标（γ_i，φ_i，θ_i），然后对球面极坐标（γ_i，φ_i，θ_i）进行量化，并重采样对应到灰度图像（i，j，g）中去（量化后的纵坐标、横坐标及灰度值分别对应球面极坐标的 3 个坐标的量化值）。由于该灰度图像能够近似反应点云中各个点的空间几何信息，所以一般称之为几何图像。在生成几何图像的过程中，如果多个点投影到几何图像的同一区域，则仅保留灰度值最小的采样点。另外，为了更好地实现空间坐标的分割，几何图像法一般需要进行迭代，即算法首次将 $[\varphi_{min}, \varphi_{max}] \times [\theta_{min}, \theta_{max}]$ 作为分辨率进行投影生成几何图像 A，然后对于在几何图像 A 中无法映射的点，将其以 $[\gamma_{min}, \gamma_{max}] \times [\varphi_{min}, \varphi_{max}]$ 作为分辨率进行投影生成第二幅几何图像 B，同样对于在几何图像 B 中也无法映射的点再以 $[\gamma_{min}, \gamma_{max}] \times [\varphi_{min}, \varphi_{max}]$ 作为几何图像分辨率进行第三次几何图像的投影转化，最后仍未投影的点由于空间黏性，可以直接删除。

该方法的关键在于分辨率的选择。如果分辨率取值过小，则将会丢失较多的模型细节特征信息；如果取值过大，则不仅会浪费空间，而且无法对模型中的点云进行有效的简化。基于图像的简化方法由于只需要进行简单的投影操作，因此相对速度较快，但由于该方法没有考虑到点云的空间具体特征和细节，而只是笼统地进行了统一的投影映射，因此容易丢失原始模型的空间几何特征。

4.7　点云数据分割

点云分割是根据空间、几何和纹理等特征对点云进行划分，使得同一划分内的点云拥有相似的特征，以便于单独对点云物体进行处理。点云的有效分割往往是许多应用的前提，例如，在逆向工程领域对零件的不同扫描表面进行分割，然后才能更好地进行空洞修复、曲面重建、特征描述和提取，进而进行基于3D内容的检索、组合重用等。

4.7.1 基于边缘的分割

边缘是描述点云物体形状的基本特征，这种方法检测点云一些区域的边界来获取分割区域，这些方法的原理是定位出边缘点的强度变化。一种边缘检测技术，通过计算梯度，检测表面上单位法向量方向的变化来拟合线段。基于扫描线的分组进行快速分割，基于边缘的方法虽然分割速度比较快，但是准确度不能保证，因为边缘对于噪声和不均匀的或稀疏的点云非常敏感。

4.7.2 基于区域增长的分割

基于区域的方法使用邻域信息来将具有相似属性的附近点归类，以获得到分割区域，并区分出不同区域之间的差异性。基于区域的方法比基于边缘的方法更准确。但是它们在分割过度或不足以及在如何准确确定区域边界方面存在问题。研究者们将基于区域的方法分为两类：种子区域（或自下而上）方法和非种子区域（或自上而下）方法。

（1）种子区域方法。基于种子的区域分割通过选择多个种子点来开始做分割，从这些种子点为起始点，通过添加种子的邻域点的方式逐渐形成点云区域，该算法主要包含了两个步骤：

第一步，基于每个点的曲率识别种子点。

第二步，根据预定标准，该标准可以是点的相似度和点云的表面的相似度来生长种子点。

这种方法对噪声点也非常敏感，并且耗时。但后续有很多基于这种方法的改进，比如对于激光雷达数据的区域增长的方法，提出了基于种子点的法向量和与生长平面的距离来生长种子点。种子区域方法高度依赖于选定的种子点。不准确选择种子点会影响分割过程，并可能导致分割不足或过度。选择种子点以及控制生长过程是耗时的。分割结果可能对所选的兼容性阈值敏感。另一个困难是决定是否在给定区域中添加点，因为这种方法对点云的噪声也很敏感。

（2）非种子区域方法。这种方法是基于自上而下的方法。首先，所有点都分为一个区域。然后细分过程开始将其划分为更小的区域。使用这种方法指导聚类平面区域的过程，以重建建筑物的完整几何形状，引入了基于局部区域的置信率为平面的分割方法。这种方法的局限性在于它也可能会过度分割，并且在分割其他对象（例如树）时它不能很好地执行。非种子区域方法的主要困难是决定细分的位置和方式。这些方法的另一个限制是它们需要大量的先验知识（例如，对象模型，区域数量等），然后这些未知的先验知识在复杂场景中通常是未知的。

4.7.3 基于属性的分割

该方法是基于点云数据的属性的一种鲁棒性较好的分割方法，这种方法一般包括两个单独的步骤：

第一步，基于属性的计算。

第二步，将根据计算点的属性进行聚类，这种聚类方法一般能适应空间关系和点云的各种属性，最终将不同的属性的点云分割出来，但是这种方法局限性在于它们高度依赖派生属性的质量，所以要求第一步能够精确的计算点云数据的属性，这样才会在第二步中根据属性的类别分割出最佳的效果。

一种基于特征空间聚类的分析方法，在该方法中，使用一种自适应斜率的邻域系统导出法向量，使用点云数据的属性，例如距离，点密度，点在水平或者垂直方向的分布，来定义测量点之间的邻域，然后将每个方向上的法向量的斜率和点邻域的数据之差作为聚类的属性，这种方法可以消除异常值和噪声的影响，基于属性的方法是将点云分割相同属性区域的高效方法，并且分割的结果灵活而准确。然而，这些方法依赖于点之间邻域的定义和点云数据的点密度。当处理大量输入点的多维属性时，这种方法的另一个缺点是比较耗时。

4.7.4 基于模型的分割

该方法是基于几何的形状比如球形、圆锥、平面和圆柱形来对点云进行分组，那么根据这些形状，具有相同的数学表示的点将会被分割为同一组点。随机采样一致性（Random Sample Consensus，RANSAC），RANSAC 是强大的模型，用于检测直线、圆等数学特征，这种应用极为广泛且可以认为是模型拟合的最先进技术，在 3D 点云的分割中需要改进的方法都是继承了这种方法。基于模型的方法具有纯粹的数学原理，快速且强大，具有异值性，这种方法的主要局限性在于处理不同点云准确性不一样。这种方法在点云库中已经实现了基于线，平面，圆等各种模型。

基于随机采样一致性算法的分割是通过随机取样剔除局外点，构建一个仅由局内点数据组成的基本子集的过程。其基本思想为：在进行参数估计时，不是不加区分地对待所有可能的输入数据，而是首先针对具体问题设计出一个判断准则模型，利用此判断准则迭代地剔除那些与所估计的参数不一致的输入数据，然后通过正确的输入数据来估计模型参数。基于随机采样一致性的点云分割的过程为：首先从输入的点云数据集中随机选择一些点并计算用户给定模型的参数，对数据集中的所有点设置距离阈值，如果点到模型的距离在距离阈值范围内，则将该点归为局内点，否则为局外点，然后统计所有局内点的个数，判断是否大于设定的阈值，如果是，则用内点重新估计模型，作为模型输出，存储所有内点作为分割结果，如果不是，则与当前最大的局内点个数对比，如果大于则取代当前局内点个数，并存储当前的模型系数，然后进行迭代计算，直到分割出用户满意的模型。

4.7.5 基于图优化的分割

图优化的方法在机器人的应用中十分流行，众所周知的方法是 FH 算法，该方法简单且高效，并且像 Kruskal 算法一样用于在图中查找最小生成树。许多基于图的方法的工作被投入到概率推理模型中，例如条件随机场（CRF），使用 CRF 标记具有不同几何表面基元的点的方法。基于图优化的方法在复杂的城市环境中成功地分割点云，具有接近实时的性能。为了与其他方法进行比较，基于图形的方法可以对点云数据中的复杂场景进行分割，但是这些方法通常无法实时运行，其中一些可能需要离线训练等步骤。

4.7.6 点云语义的分割

点云语义分割的过程类似于基于聚类的点云分割。但与非语义分割的点云分割方法相比，点云语义分割会为每个点生成语义信息。因此，点云语义分割通常通过有监督的学习方法来实现，包括常规的有监督机器学习和最新的深度学习方法。

（1）有监督机器学习的分割。此处有监督机器学习是指非深度的监督学习算法，有监督机器学习的点云语义分割可以分为两组：

1）个体的点云语义分割，仅根据其各个特征对每个点或每个点簇进行分类，例如基于高斯混合模型的最大似然分类器、支持向量机 SVM、AdaBoost 级联的二进制分类器，随机森林和贝叶斯判别分类器。

2）考虑上下文的统计模型，例如关联和非关联马尔可夫网络，条件随机（CRF），简化的马尔可夫随机场模型，关注于点云统计数据和不同尺度上的关系信息的多阶段推理过程，以及建模数据固有的中长期依赖关系的空间推理机。

（2）基于深度学习的分割。根据输入到神经网络的数据格式，基于深度学习的点云语义分割方法可以分为基于多视图，基于体素和基于点的分割。

1）基于多视图。SnapNet，它使用 Semantic3D. net 的完整 Semantic-8 数据集作为测试数据集。在 SnapNet 中，预处理步骤旨在抽取点云，计算点特征并生成网格。Snap 生成是基于各种虚拟相机生成网格的 RGB 图像和深度合成图像。语义标注（Semantic labeling）是通过图像深度学习从两个输入图像中实现图像语义分割。最后一步是将 2D 空间中的语义分割结果投影到 3D 空间中，从而可以获取 3D 语义。

2）基于体素。将体素与 3D CNNs 结合是基于深度学习的 PCSS 中的另一种早期方法。体素化解决了原始点云的无序和非结构化问题。像 2D 神经网络中的像素一样，体素化的数据可以通过 3D 卷积进一步处理。基于体素的体系结构仍然存在严重缺陷。与点云相比，体素结构是低分辨率形式。显然，数据表示存在损失。另外，体素结构形式会占用大量存储空间，这可能导致较高的计算和内存要求。

SegCloud 是一个端到端的 PCSS 框架，结合了 3D-FCNN，线性插值（TI）和完全连接的条件随机字段（FC-CRF）来完成 PCSS 任务。在 SegCloud 中，预处理步骤是对原始点云进行体素化。然后，将 3D 全卷积神经网络应用于生成降采样的体素标签。之后，采用三线性插值层将体素标签转移回 3D 点标签。最后，使用 3D 全连接 CRF 方法对之前的 3D PCSS 结果进行正则化，并获取最终结果。SegCloud 也曾一度成为 S3DIS 和 Semantic3D. net 数据集上最先进方法，但是它并没有采取任何步骤来优化固定大小体素的高计算量和内存问题。随着更多高级方法的涌现，SegCloud 近年来已不再受到青睐。

为了减少不必要的计算和内存消耗，灵活的八叉树结构可以有效替代 3D CNNs 中的固定大小的体素。OctNet 和 O-CNN 是两种代表性的方法。

3）基于点。由于基于多视图和基于体素的方法都存在严重局限性，如结构分辨率下降，因此直接在点上探索点云语义分割方法是一种自然选择。与在基于多视图和基于体素的情况下采用单独的预变换操作不同，在这些方法中，规范化与神经网络体系结构绑定在一起。

PointNet 是一个开创性的深度学习框架，直接在点上执行，没有卷积运算。PointNet 使用多层感知机（MLP）来近似函数 h，代表了每个点提取到的局部特征。点集的全局特征 g 是通过对集合中所有点的局部特征聚合得来的。对于分类任务，可以通过针对全局要素的 MLP 操作生成 k 个类别的输出分数。对于 PCSS 任务，除了全局特征外，还要求每个点的局部特征。PointNet 将聚合的全局特征和每个点的局部特征进行连接操作（Concat）。随后，MLP 从合并的点的特征中提取新的特征。在它们的基础上，可以预测出每个点对应的语义标签。

尽管越来越多的新发布的网络在各种基准数据集上都优于 PointNet，但 PointNet 仍然是 PCSS 研究的基准。原始 PointNet 在相邻点内不使用任何局部结构信息。PointNet ++，致力于改进最初的 PointNet 模型。缺少局部特征在 PointNet ++中仍然是一个问题，因为它忽略了单个点与其相邻点之间的几何关系。为了克服这个问题，提出了动态图 CNN（DGCNN）网络模型。在该网络中，作者设计了一个名为 EdgeConv 的过程，以在保持排列不变性的同时提取边缘特征。

此外，基于 PointNet/PointNet ++，甚至可以在 PCSS 的协助下完成实例分割。

4.7.7　基于聚类的分割

聚类分割算法，在聚类方法中每个点都与一个特征向量相关联，特征向量又包含了若干个几何或者辐射度量值。然后，在特征空间中通过聚类的方法（如K均值聚类法、最大似然方法和模糊聚类法）分割点云数据。聚类分割的基本原理为：考察 m 个数据点，在 m 维空间内定义点与点之间某种性质的亲疏聚类，设 m 个数据点组成 n 类，然后将具有最小距离的两类合为一类，并重新计算类与类之间的距离，迭代直到任意两类之间的距离大于指定的阈值，或者类的个数小于指定的数目，完成分割。

4.8　点云数据聚类

点云聚类是将对象进行分组，使同一组（称为簇）中的对象相似，而属于不同组的对象不相似。

4.8.1　K均值聚类

K均值聚类算法（K-means clustering algorithm）是一种迭代求解的聚类分析算法，其步骤是，预将数据分为 K 组，则随机选取 K 个对象作为初始的聚类中心，然后计算每个对象与各个种子聚类中心之间的距离，把每个对象分配给距离它最近的聚类中心。聚类中心以及分配给它们的对象就代表一个聚类。每分配一个样本，聚类的聚类中心会根据聚类中现有的对象被重新计算。这个过程将不断重复直到满足某个终止条件。终止条件可以是没有（或最小数目）对象被重新分配给不同的聚类，没有（或最小数目）聚类中心再发生变化，误差平方和局部最小。

K均值聚类的流程如下：

第一步，人工设定 k 值，即选定 k 个类别；

第二步，选定 k 个中心点，u_k，（刚开始是随机选定 k 个中心点，u_k 未知）；

第三步，通过计算每组内的点的平均值得到 k 个中心，用 R_{nk}（未知）表示哪个点属于哪个类别，0或者1（n 个点到 k 个中心点的最邻近）；

第四步，迭代第二、三步。

K均值聚类的过程如图4-15所示。

算法收敛条件：中心点不再移动或者移动数值较小。

4.8.2　高斯混合模型聚类

高斯混合模型（Gaussian Mixture Model）通常简称GMM，是一种业界广泛使用的聚类算法，该方法使用了高斯分布作为参数模型，并使用了期望最大（Ex-

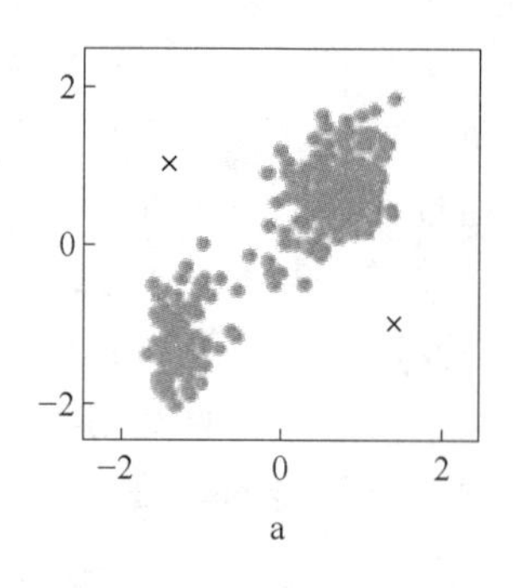

a

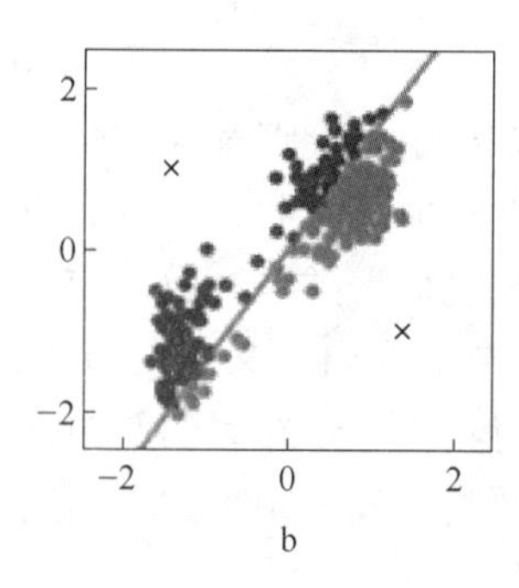

b

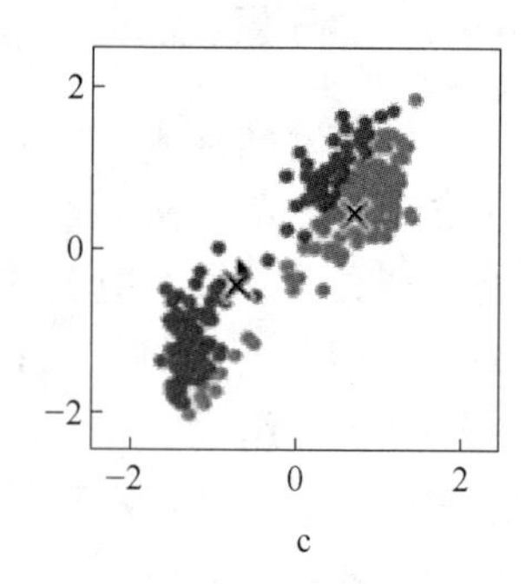

c

图 4-15 K 均值聚类示意图

pectation Maximization，EM）算法进行训练。

KM 没有对每个类进行建模，只是取均值，GMM 进一步把每一个类的数据用一个高斯分布描述，用概率建模，描述一个点属于一个类的概率是多少。

GMM 表示 k 个高斯模型的线性组合，k 也是需要事先给定的，π 是表示每个高斯模型占的权重，所以一个 GMM 是由三个参数描述的。

$$p(x) = \sum_{k=1}^{k} \pi_k N(x \mid \mu_k, \ \textstyle\sum_k) \tag{4-17}$$

$$p(z \mid x) = \frac{p(x \mid z) p(z)}{p(x)} \tag{4-18}$$

$$p(x) = \sum_{z} p(z) p(x \mid z) \tag{4-19}$$

$p(x)$ 是整个 GMM 的模型，$p(z)$ 是先验 $p(z_k = 1) = \pi_k$ 一个点是属于哪个高斯模型的；

一个点属于哪个高斯模型的概率是后验概率

$$p(z \mid x) = \frac{p(x \mid z) p(z)}{p(x)} \tag{4-20}$$

高斯混合模型是多个高斯模型的线性组合，可以建模成一个有向图，Z 表示一个数据点属于哪个高斯分布，x 就是选中的高斯分布

$$p(z_k = 1) = \pi_k \quad z = \{z_1 \ldots z_k\} \text{ 等价于 } p(z) = \prod_{k=1}^{k} \pi_k^{z_k} \tag{4-21}$$

$$p(x \mid z_k = 1) = N(x \mid \mu_k, \ \textstyle\sum_k) \text{ 等价于 } p(x \mid z) = \prod_{k=1}^{k} N(x \mid \mu_k, \ \Sigma_k)^{z_k} \tag{4-22}$$

整个 GMM 的概率模型

$$p(x)=\sum_z p(x,\ z) \text{ 等价于 } p(x)=\sum_z p(z)p(x|z)=\sum_{k=1}^{k}\pi_k N(x|\mu_k,\ \Sigma_k) \tag{4-23}$$

当给定一堆数据点和 k，如何估计 $\{\pi_k,\ \mu_k,\ \Sigma_k\}$，$y(z_k)$

最大似然估计 MLE：

$$p(x)=\sum_{k=1}^{k}\pi_k N(x\mid \mu_k,\ \Sigma_k) \tag{4-24}$$

$$\ln p(x\mid \pi,\ \mu,\ \Sigma)=\sum_{n=1}^{N}\ln\{\pi_k N(x_n\mid \mu_k,\ \Sigma_k)\} \tag{4-25}$$

避免特异性，使用 map 或者贝叶斯方法

GMM 算法总结如下：

给定数据点和 k，计算 μ_k、π_k、$\Sigma_k(k=0\sim k)$，该部分分为两个步骤。e 步，算后验概率伽马（一个点属于哪个类的概率，km 是计算一个点属于哪个类）；m 步，已知后验概率，计算高斯模型的三个参数。

GMM 聚类的过程如图 4-16 所示。

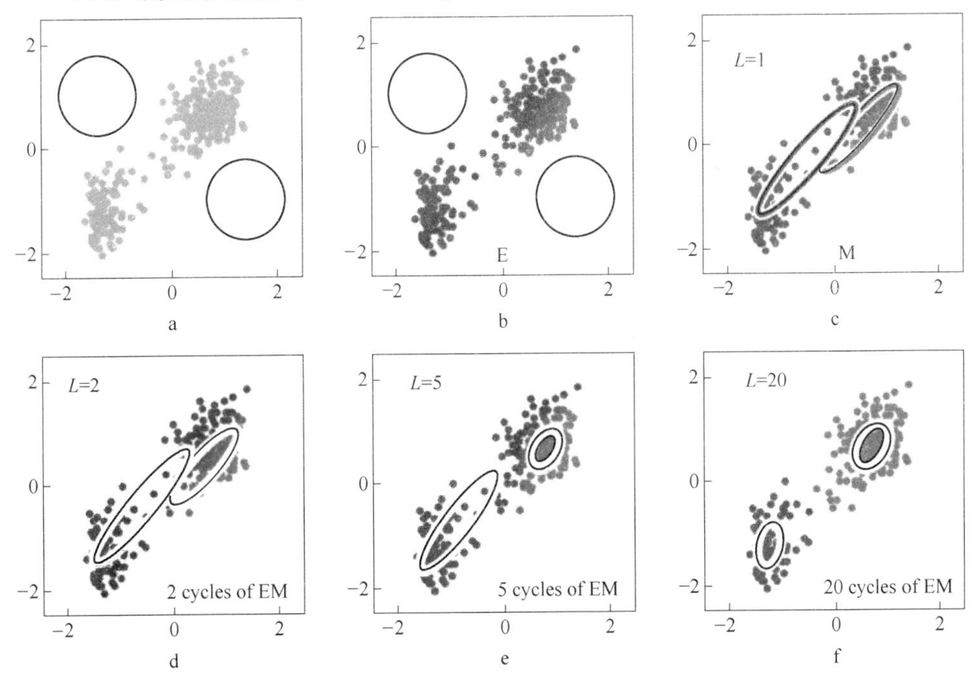

图 4-16　GMM 聚类示意图

a—原始数据；b—E 步骤；c—M 步骤；d—第二次 EM 结果；
e—第五次 EM 结果；f—第二十次 EM 结果

不仅仅要初始化初始位置，还要计算权重和方差，期待步：计算类别概率；极大步：已知后验概率，计算 GMM 参数，权重高斯分布的中心点和高斯分布的标准差。

KM 是 GMM 的特例，方差是一样的（KM 认为每一个类各个方向都是一个圆或者球）GMM 与 KM 的复杂度是一样的 $o(t*k*n*d)$ ，以椭圆建模，利用 MLE 建模会遇到特异性的问题（某个高斯模型会坍塌成一个数据点，方差为零，MLE 无限大，在工程上是可以解决的，加几个 if else）。

KM 适合数据是圆形分布，GMM 适合数据为椭圆分布。KM 和 GMM 都可以用 EM 算法来解释。

4.8.3　谱聚类

谱聚类 Spectral 不是工作在欧式空间，在图论上工作，关注的是点与点之间的连接性，连线之间的权重表示相似性，用矩阵 $\boldsymbol{w}$ 表示，每个数据点是一个节点，每个节点之间都有连线，连线的权重表示相似度，即距离的倒数，距离越近，数值越大；knngraph 表示每个节点选距离最近的 k 个节点。

$\boldsymbol{D}$ 矩阵是对角矩阵，对角线上的值是 $\boldsymbol{W}$ 相似矩阵每一行元素之和（第 i 个节点所连出去的线，权重之和）拉普拉斯矩阵 $\boldsymbol{L}=\boldsymbol{D}-\boldsymbol{W}$。

谱聚类的大体流程如下：

第一步，找出相似矩阵；

第二步，特征值分解，找 k 个最小特征向量；

第三步，每一行作为点的特征在上面做 KM。

拉普拉斯矩阵，未经过归一化：数量接近，经过归一化：基于密度区分。谱聚类可认为是经过拉普拉斯处理过的 KM。复杂度是 $o(n^3)$ 拉普拉斯矩阵 $n*n$ 特征值分解的复杂度是 $o(n^3)$。

谱聚类算法的优点是不会对每一个类的形状有任何的假设；可以对任何维度的数据进行工作；自动发觉有多少个类，通过 eigengap，其缺点是复杂度较高。

4.8.4　均值漂移聚类

均值漂移聚类能够自动发现类的数量，可调节的参数一个（圆的半径），对噪声稍微稳定，但对高维数据处理不好。

均值漂移聚类的大体流程如下：

第一步，随机选取半径为 r 的圆；

第二步，移动圆至内点的中心；

第三步，重复第二步直至圆不再移动；

第四步，重复前三步，移除重复的圆；

第五步，确定类别通过寻找最邻近圆中心（与 KM 类似）。

4.8.5 基于密度的聚类

基于密度的聚类，DBSCAN 假设高密度的点中间有低密度的点所分离。基于连接性的聚类方法，能够自动的寻找类别，对噪声比较稳定，但对高维数据对高维数据处理不好。

均值漂移聚类的大体流程如下：

第一步，随机选择一个未查询过的点 p，通过半径 r 搜索它的邻域；

第二步，判断半径 r 内点的数量是否大于最小样本数量，如果大于，p 设置为核心点，创建一个类别 C，转到第三步，并标记 p 点为已查询过，否则，标记 p 点为已查询过或者是噪声点；

第三步，查询 r 邻域内的点，标记为类别 C，如果它是核心点，设置它作为新的 p 点，重复步骤三；

第四步，从数据集中移除类别 C，转到步骤一；

第五步，当所有的点都查询过结束。

几种聚类方法的对比如表 4-3 所示。

表 4-3 几种聚类方法的对比

指标	K-Means	GMM	Spectral	Mean Shift	DBSCAN
度量标准	欧式距离	欧式距离	相似性	密度/欧式	密度/欧式
聚类类别	预先定义	预先定义	启发式	自动	自动
外点鲁棒性	差	良	优	优	优
高维度数据	良	良	优	差	差
复杂度	$O(t*k*n*d)$	$O(t*k*n*d)$	$O(n^3)$	$O(T*n*\lg(n))$	$O(n*\lg(n))$

注：t 为迭代次数；k 为聚类的类别数量；n 为数据点的数量；d 为维度，T 为中心点数量。

4.9 点云数据处理软件

4.9.1 CloudCompare

CloudCompare 是一个处理三维点云和三角网格的软件。最初，它被设计用于比较两个稠密的三维点云，或者在三维点云和三角网格之间进行比较。它依赖于一种特定的八叉树结构。随后，它被扩展到更通用的点云处理软件，包括许多算法，例如配准、重采样、颜色/法线/尺度计算、统计计算、传感器管理、交互式分割、自动分割以及显示增强工具，如自定义颜色渐变、法向量和颜色处理、校准图像处理和 OpenGL 着色器等。

CloudCompare 软件依赖于 Qt 和 OpenGL。CloudCompare 还支持基于插件的扩展机制，例如标准插件和 OpenGL 滤波插件。该软件目前可以在 Windows、MacOS 和 Linux 系统下编译运行。CloudCompare 软件的用户界面如图 4-17 所示。

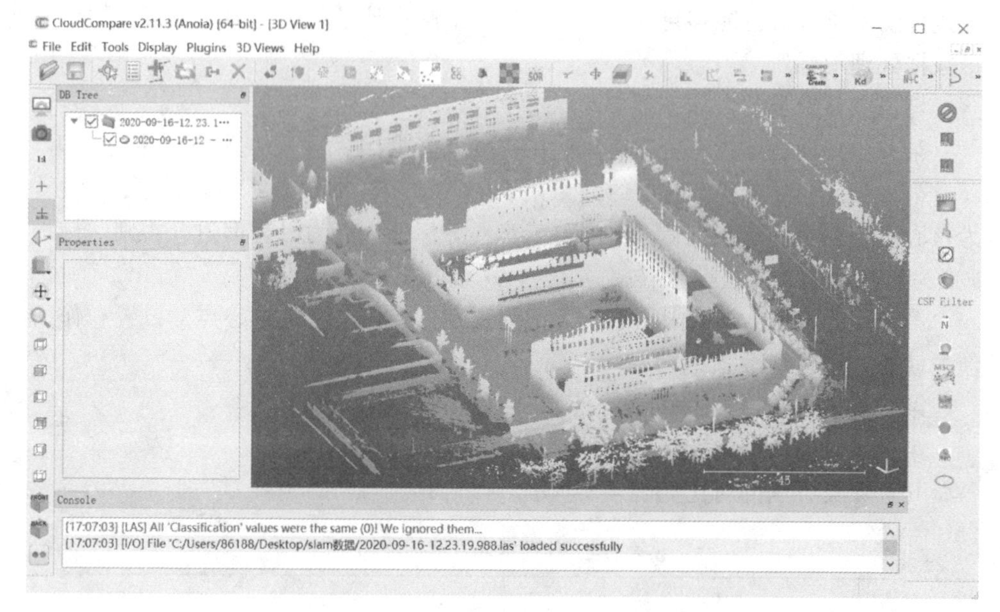

图 4-17　CloudCompare 软件的用户界面

CloudCompare 软件能够实现在存储和速度之间进行良好的权衡，CloudCompare 每 GB 内存可以存储大约 9000 万个空白点（只含 *XYZ*）。如果添加 RGB 颜色、法线向量、单个尺度字段，并且需要计算八叉树，则每 GB 最多可以加载 3200 万个点。

CloudCompare 软件可以加载许多公开的点云格式，如 ASCII、LAS 和 E57 等，以及一些制造商的格式，如 DP、Riegl 和 FARO 等。它还可以加载三角形网格，如 OBJ、PLY、STL 和 FBX 等，以及多段线或多边形格式，如 SHP 和 DXF 等。某些 SfM 格式也受支持，如 Bundler 和 Photoscan PSZ 等。

4.9.2　TerraSolid

TerraSolid 软件系列是一套商业化 LiDAR 数据处理软件。TerraSolid 软件的主要模块是基于 Microstation 开发的插件系统，运行于 Micorstation 系统之上，它包括了：TerraMatch、TerraScan、TerraModeler、TerraPhoto、TerraSurvey、TerraPhoto Viewer、TerraScan Viewer、TerraPipe、TerraSlave、TerraPipeNet 等模块。其中 TerraScan 作为点云数据处理模块，能够快速的载入 lidar 点云数据，在足够内存支持下（2G），载入 3900 万个点只需要 40 多秒。

TerraScan 是 TerraSolid 软件公司用来处理 LiDAR 点云数据的基本模块。功能包括：以 *xyz* 文本或类似于 LAS 和 TerraScan 的二进制文本读入原始的激光点云、数字化地物、探测电力线、矢量化房屋、生成激光点的截面图、输出点分类。

4.10 开源点云库

4.10.1 PCL

点云库 PCL（Point Cloud Library）是在吸收了前人点云相关研究基础上建立起来的大型跨平台开源 C++编程库，它实现了大量点云相关的通用算法和高效数据结构，涉及点云获取、滤波、分割、配准、检索、特征提取、识别、追踪、曲面重建、可视化等。支持多种操作系统平台，可在 Windows、Linux、Android、Mac OS X、部分嵌入式实时系统上运行。如果说 OpenCV 是 2D 信息获取与处理的结晶，那么 PCL 就在 3D 信息获取与处理上具有同等地位，PCL 是 BSD 授权方式，可以免费进行商业和学术应用。

PCL 起初是机器人操作系统（Robot Operating System，ROS）下由来自斯坦福大学 Radu 博士等人维护和开发的开源项目，主要应用于机器人研究应用领域，随着各个算法模块的积累，于 2011 年独立出来，正式与全球 3D 信息获取、处理的同行一起，组建了强大的开发维护团队，以多所知名大学、研究所和相关硬件、软件公司为主。截至目前，发展非常迅速，不断有新的研究机构等加入，在 Willow Garage，Nvidia，Google，Toyota，Trimble，Urban Robotics，Honda Research Institute 等多个全球知名公司的资金支持下，不断提出新的开发计划，代码更新非常活跃，至 2020 年 10 月已经发布到 1. 11. 1 版本。

PCL 库应用领域十分广泛，例如机器人领域、CAD/CAM 领域、逆向工程领域、激光遥感测量领域、虚拟现实领域、矿山测量领域等等。

PCL 架构图如图 4-18 所示，对于 3D 点云处理来说，PCL 完全是一个模块化的现代 C++模板库。其基于以下第三方库：Boost、Eigen、FLANN、VTK、CUDA、OpenNI、Qhull，实现点云相关的获取、滤波、分割、配准、检索、特征提取、识别、追踪、曲面重建、可视化等。

PCL 利用 OpenMP、GPU、CUDA 等先进的高性能计算技术，通过并行化提高程序实时性。K 近邻搜索操作的构架是基于 FLANN（Fast Library for Approximate Nearest Neighbors）实现的，速度也是目前技术中最快的。PCL 中的所有模块和算法都是通过 Boost 共享指针来传送数据的，因而避免了多次复制系统中已存在的数据的需要，从 0.6 版本开始，PCL 就已经被移入 Windows，MacOS 和 Linux 系统，并且在 Android 系统中也已经开始投入使用，这使得 PCL 的应用容易移植与多方发布。

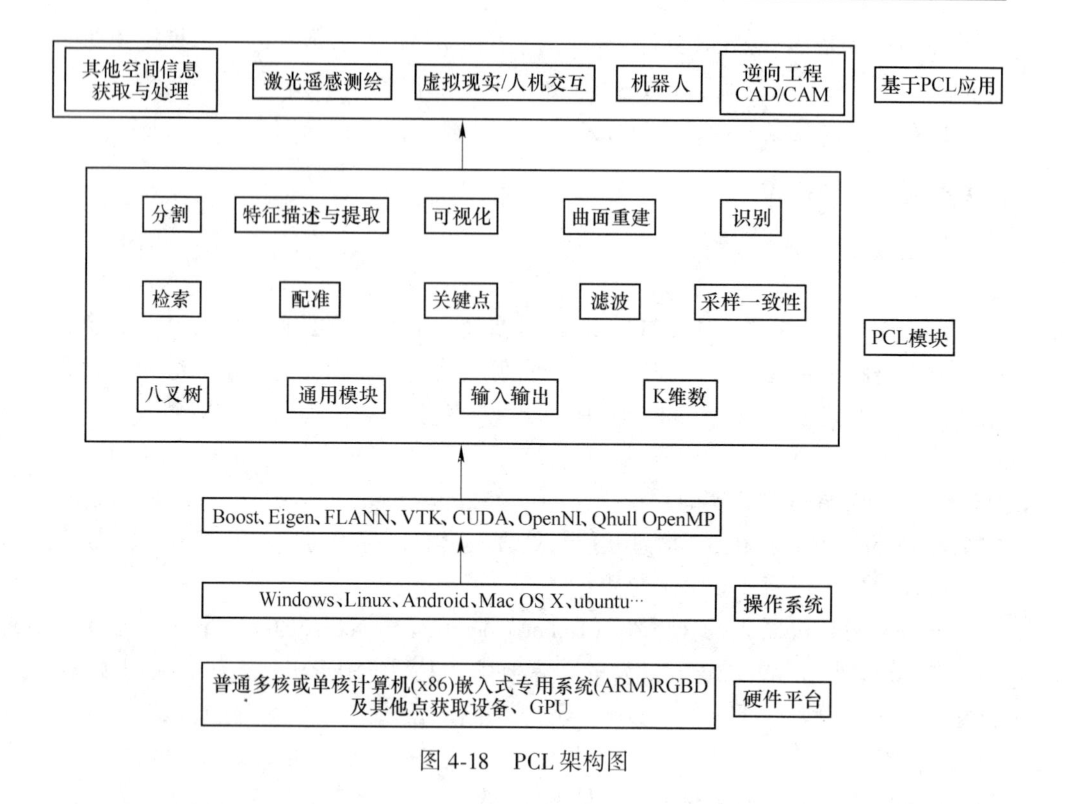

图 4-18　PCL 架构图

从算法的角度，PCL 是指纳入了多种操作点云数据的三维处理算法，其中包括：过滤，特征估计，表面重建，模型拟合和分割，定位搜索等。每一套算法都是通过基类进行划分的，试图把贯穿整个流水线处理技术的所有常见功能整合在一起，从而保持了整个算法实现过程中的紧凑和结构清晰，提高代码的重用性、简洁可读。在 PCL 中一个处理管道的基本接口程序如下：

（1）创建处理对象（例如过滤、特征估计、分割等）；

（2）使用 setInputCloud 通过输入点云数据；

（3）设置算法相关参数；

（4）调用计算（或过滤、分割等）得到输出。

为了进一步简化和开发，PCL 被分成一系列较小的代码库，使其模块化，以便能够单独编译使用提高了可配置性，特别适用于嵌入式处理中：

（1）libpcl filters：如采样、去除离群点、特征提取、拟合估计等数据实现过滤器。

（2）libpcl features：实现多种三维特征，如曲面法线、曲率、边界点估计、矩不变量、主曲率、PFH 和 FPFH 特征、旋转图像、积分图像、NARF 描述子、RIFT、相对标准差和数据强度的筛选等。

（3）libpcl I/O：实现数据的输入和输出操作，例如点云数据文件（PCD）的读/写。

（4）libpcl segmentation：实现聚类提取，如通过采样一致性方法对一系列参数模型（如平面、柱面、球面、直线等）进行模型拟合点云分割提取，提取多边形棱镜内部点云等。

（5）libpcl surface：实现表面重建技术，如网格重建，凸包重建、移动最小二乘法平滑等。

（6）libpcl register：实现点云配准方法，如 ICP 等。

（7）libpclkeypoints：实现不同的关键点的提取方法，这可以用来作为预处理步骤，决定在哪儿提取特征描述符。

（8）libpcl range：实现支持不同点云数据集生成的范围图像。

4.10.2 Cilantro

Cilantro 点云库是一个精简高效的点云数据处理库，编程语言是 C++，依赖项较少，但是相比较 PCL 点云库，代码更具可读性，PCL 中大量使用 C++高级特性，阅读起来比较难并且不易重构拆解代码，而 Cilantro 重点放在 3D 案例上，尽量减少了样板代码的数量，包含了对点云常见的操作，是一个比较简单易懂的 API，所以该库可以被广泛的模块化，并且支持多维度数据进行操作，同时保证对算法模块的模块化和可扩展性。模块划分为以下几类：

（1）点云基本处理模块：

1）一般尺寸的 KD 树，与 PCL 一样都用了第三方依赖项 nanoflann。

2）基于原始点云的曲面法向量和曲率的估计。

3）基于常用的尺寸网格的点云重采样算法。

4）主成分分析。

5）三维点云基本的 IO 操作，其中依赖了第三方库 tinyply 和 Eigen 库。

6）rgbd 图像对和点云之间的转换程序。

（2）点云凹凸以及空间检测模块：

1）使用了第三方库 Qhull 实现从常见维度点云凸多面体检测。

2）实现多个图多面体的并集检测运算。

（3）点云分类模块：

1）依赖第三方库 Nanoflann 实现多维度的基于距离度量的 K-mean 聚类算法。

2）基于第三方库 Spectra 的各种拉普拉斯类型的频谱聚类。

3）支持自定义的基于内核的 mean-shift 聚类算法。

4）支持任意点之间基于联通性的点云分割算法。

（4）点云配准模块：支持任意对应搜索方式的 ICP 点云配准。

1）点对点的度量方式（通用维度）点对平面的度量（二维或者三维）或者其他任意组合下的刚性或者仿射对齐算法。

2）在点到点和点到平面度量的任意组合下，通过稳定的正则化，局部刚体或者仿射变换，实现二维或者三维点集的非刚性对齐，并支持稠密和稀疏的点云变换的算法。

（5）点云模型估计模块：RANSAC 估计器模板及其在一般维度上的实例。

1）稳健超平面估计。

2）给定噪声对应的刚性点云配准。

（6）点云可视化模块：主要是依赖了第三方库 Pangolin。

Cilantro 点云库相比较 PCL 点云库功能少了很多，支持处理的点云的类型主要是 PLY 格式，但是涵盖了基本的点云处理，可以配合着 PCL 使用。

4.11　三维点云数据集

（1）斯坦福大学 3D 扫描存储库，包括激光雷达的点云数据以及重建后的模型数据，例如斯坦福兔子、乐佛、龙等等数据。

（2）悉尼城市目标数据集，该数据集包含了用 Velodyne HDL-64E 激光雷达扫描的各种常见城市道路对象，采集于澳大利亚悉尼的中心区。有 631 个不同类别的物体，包括车辆、行人、广告标志和树木等。可以用于测试匹配和分类算法。

（3）大规模点云分类基准，该数据库是做大规模点云分类的，提供了一个大的自然场景标记的 3D 点云数据集，总计超过 40 亿点。涵盖了各种各样的城市场景：教堂、街道、铁路轨道、广场、村庄、足球场、城堡等等。

（4）RGB-D 对象数据集，RGB-D 对象数据集是 300 个常见的家庭对象的大数据集。该数据集是使用 Kinect 风格的 3D 相机记录的，该相机以 30Hz 记录同步和对齐的 640×480RGB 和深度图像。对于每个物体，有 3 个视频序列，每个视频序列用安装在不同高度的照相机记录，以便从与地平线的不同角度观察物体。除了 300 个对象的孤立视图之外，RGB-D 对象数据集还包括 22 个带有注释的自然场景视频序列，其中包含来自数据集的对象。这些场景覆盖了常见的室内环境，包括办公室工作区、会议室和厨房区域。

（5）ASL 数据集，这个数据集由 Automonous Systems Lab 提供的数据，一般数据集都有对应发表的论文成果，用于点云配准和目标检测。

（6）纽约大学深度数据集，包括 NYU-Depth V1 数据集和 NYU-Depth V2 数据集，都是由来自各种室内场景的视频序列组成，这些视频序列由来自 Microsoft Kinect 的 RGB 和 Depth 摄像机记录。NYU-Depth V1 数据集包含有 64 种不同的室内场景、7 种场景类型、108617 无标记帧和 2347 密集标记帧以及 1000 多种标记类型。NYU-Depth V2 数据集包含了 1449 个密集标记的对齐 RGB 和深度图像对、来自 3 个城市的 464 个新场景，以及 407024 个新的无标记帧。

（7）IQmulus & TerraMobilita 竞赛数据集，该数据库包含来自巴黎（法国）密集城市环境的 3DMLS 数据，由 3 亿点组成。在该数据库中，对整个 3D 点云进行分割和分类，即每个点包含一个标签和一个类。因此，对检测-分割-分类方法进行逐点评估成为可能。这个数据库是在 iQmulus 和 TerraMobilita 项目的框架内产生的。

（8）奥克兰三维点云数据集，这个数据库的采集地点是在美国卡耐基梅隆大学周围，数据采集使用 Navlab11，配备侧视 SICK LMS 激光扫描仪，用于推扫。其中包含了完整数据集、测试集、训练集和验证集。

（9）KITTI 数据集，这个数据集来自德国卡尔斯鲁厄理工学院的一个项目，其中包含了利用 KIT 的无人车平台采集的大量城市环境的点云数据集（KITTI），这个数据集不仅有雷达、图像、GPS、INS 的数据，而且有经过人工标记的分割跟踪结果，可以用来客观的评价大范围三维建模和精细分类的效果和性能。

（10）机器人 3D 扫描数据集，这个数据集比较适合做 SLAM 研究，包含了大量的 Riegl 和 Velodyne 雷达数据。

5　点云数据三维模型构建与处理

5.1　点云数据三维建模方法

5.1.1　α-shape 三维重建法

α-shape 的概念是假设三维空间充满泡沫，而点则是位于空间中比较坚硬的金属，例如石头，可以想象一个半径为 α 的球形橡皮擦，这个橡皮擦在那些内部不包含岩石的位置上将所有的泡沫擦去，得到的形状称为 alpha 壳。为了更可行，将圆边用直边，球形区域用三角形代替，因此得到的就是点云的 α 形状。它是一个相当普遍化的多面体，可以是凸的，甚至是不连接的。α 控制多面体中所有洞的最大曲率。α-shape 算法删除了四面体凸壳中其包围球或外接圆半径大于 α 的四面体、三角形和边。

就概念而言，S 是三维空间中的有限点集，而 α 是 0 到 ∞ 之间的一个实数，则 S 的 α 形状是一个多面体，该多面体既不必要是凸的，也不必是连接的。如果 α 为 ∞ 时，S 的 α 形状是凸壳，当 α 减小时，逐步向中间空洞收缩。

α-shape 的提出首先是为了定义分子形状，Edelsbunner 推广 alpha 形状到点，为不同形状原子建立分子模型。但是这一概念在散乱点云网格重建上也相当有效。对于一个点云，进行 Delaunay 三角剖分，在得到的四面体凸壳中删除外接球或外接圆半径大于 α 的四面体、三角形和边，获取它的 α-shape，而 α-shape 中的一个三角形，可以找到两个通过此三角形的三个顶点且半径为 α 的球，如果至少有一个球不包含点集中的其他点，则将该三角形提取出来。这样，通过在 α 球，shape 中选取三角形，得到了最终的插值曲面。α-shape 算法具有以下性质：

（1）对于包含 n 个点的点云，计算 α 形状簇的时间复杂度为 $O(n2)$；

（2）在一个 α-shape 中，细节表示水平由参数 α 控制，当 α 减小时，α-shape 中大特征变得精练，就像传统的雕刻；

（3）由小到大对 α 取值，形成一个 α 簇，对于点云的 α 簇而言，存在一个特征集，以 3α 的函数刻画一个特殊的拓扑或者几何特征。

图 5-1 是 α-shape 实例，其中参数 α 控制不同层次的细节表示。当点是均匀取样的，并且已知密度，α 的取值就是取近似密度的值；如果点的密度不均匀，α-shape 算法只能采用部分改进的 α 取值算法；对于切片数据，α-shape 可以处理不同切片之间的距离大于同一切片上点的距离的情况；点的密度未知，则需计算

所有的 α 簇，然后选择一个合适的 α 值。对于均匀一致的点云，α-shape 算法很有效，但如果点云不均匀或存在某种不连续性，有时很难自动选择合适的 α 值。α-shape 算法的时间复杂性为 $O(n\lg n)$，其中 n 表示散乱点云中所含的点的数目。

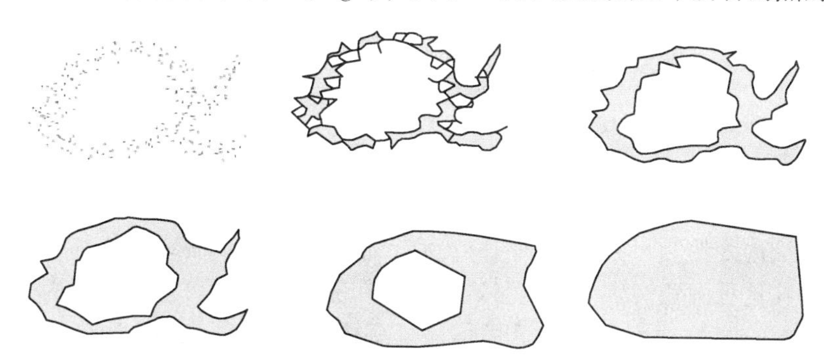

图 5-1 α-shape 形状实例，α 从 0 变化到 ∞

下图是国内某铁矿使用三维激光扫描仪对采场进行扫描获取的三维点云数据，点云数据量为 128650 个，采用 α-shape 三维重建法对点云数据进行建模的结果如图 5-2b 所示。

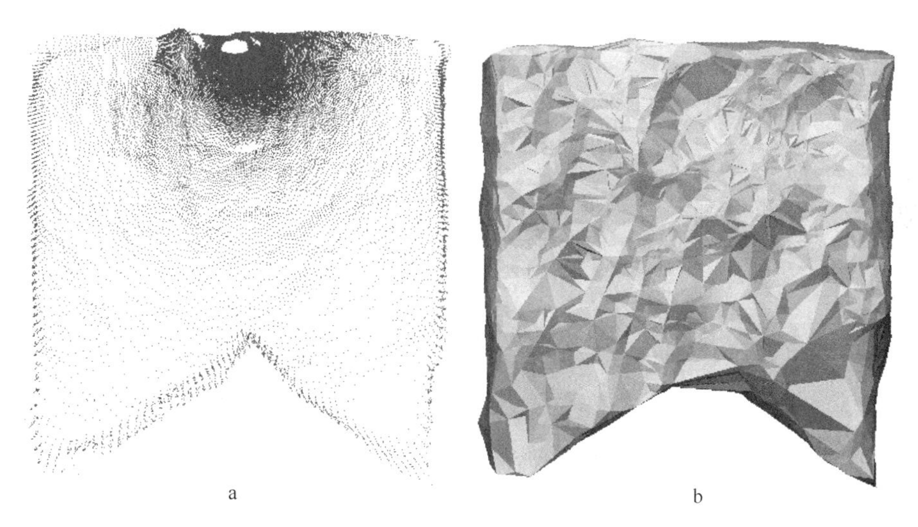

图 5-2 采用 α-shape 三维重建法的建模结果
a—采场三维点云数据；b—采场三维模型

5.1.2 基于 RBF 的点云三维重建法

运用 RBF（radial basis functions）可以建立点云数据的隐式曲面方程，实现点云模型的曲面重建。隐式曲面是由一个建立在三维空间上的标量场函数所定义的零值轮廓，径向基函数在模型曲面的内、外部可以取得不同的值，因而建立了一个点云模型的隐式曲面后，就可以由该隐式曲面得到沿其法向距离为某一值的等距面。数据预处理是曲面重建中的重要环节，将直接影响到后续模型重建的可行性和模型重建的质量。为了将离散点云转化为便于模型重建的“造型数据”，在模型重建之前必须要进行必要的预处理工作。对点云数据进行预处理的主要工作有数据平滑、数据简化。

（1）离散点云数据预处理。数据平滑。测量环境的振动、镜面反射等都有可能引起测量噪声。另外，由于某些测量方法本身的特点，使测量数据在陡峭直壁和尖锐棱边处的测量数据很不可靠，存在较大的噪声，激光扫描和机械接触式扫描都存在这种问题。因此，测量数据中存在噪声点是不可避免的。因为噪声数据一般具有较高的频率特性，运用信号处理中的原理，通过设计合适的滤波函数，对呈现高频信号的噪声数据进行平滑处理。常用的滤波方法有高斯滤波方法、均值滤波方法和中值滤波方法。

数据简化。当测量数据点的密度很高时，如光学扫描设备常采集到几十万、几百万甚至更多的数据点，存在大量的冗余数据，严重影响后续算法的效率，因此需要按一定要求减少测量点的数量。

（2）离散点云数据的四叉树分割。原始的测量点数据之间是没有相应的、显式的几何拓扑关系的。针对雕刻曲面的“二维半曲面”特性，根据在我们所采集的雕刻曲面的点云数据中，其测得的数据是只包含其空间位置坐标的离散数据，所以本书采用先将三维空间坐标排成二维矩阵，在矩阵中存储其值的方法来完成点云数据的分割。

当把雕刻曲面的点云数据做出矩阵后，即可采用图像分割的方法来进行数据块划分，主要是使用四叉树分解方法将原始图像逐步分成小块，这里我们将处理后的点云数据进行逐步分成小块。四叉树分解的具体过程是将方形的原始矩阵分成个相同大小的方块，判断每个方块是否满足一致性标准，如果满足就不再继续分解，如果不满足就再细分成更小的方块，并对细分得到的方块应用一致性检验。这个迭代重复的过程直到所有方块都满足一致性标准才停止，最后，四叉树分解的结果可能包括多种不同尺寸的方块。

为便于描述，给出下述假设和定义。假设原始矩阵是正方形。原始矩阵中的一个正方形区域称为原始矩阵的一个子块。将值存入矩阵的每个元素。值未经处理的子块称为原始子块。本书方法中正在处理的原始子块则称为当前原始子块。最大值小于给定阈值的子块被称为整体子块叶子子块。整体子块中具有相同或相近的值，整体子块的值为整体子块中值的均值。最大值大于一定阈值的子块称为非整体子块（非叶子子块）。

具体算法如下：

第一步，把原始矩阵视为当前原始子块；

第二步，如果当前原始子块的值小于一定阈值，则把当前原始子块视为一个整体子块否则把当前原始子块一分为二，得到两个大小相等的更小的原始子块；

第三步，分别把分解产生的原始子块视为当前原始子块，重复第二步，直到所有分解产生的原始子块都被处理完为止。

图 5-3 是国内某铜矿使用三维激光扫描仪对采空区进行扫描获取的三维点云数据，点云数据量为 2056981 个，采用基于 RBF 的点云三维重建方法对点云数据进行建模的结果如图 5-3b 所示。

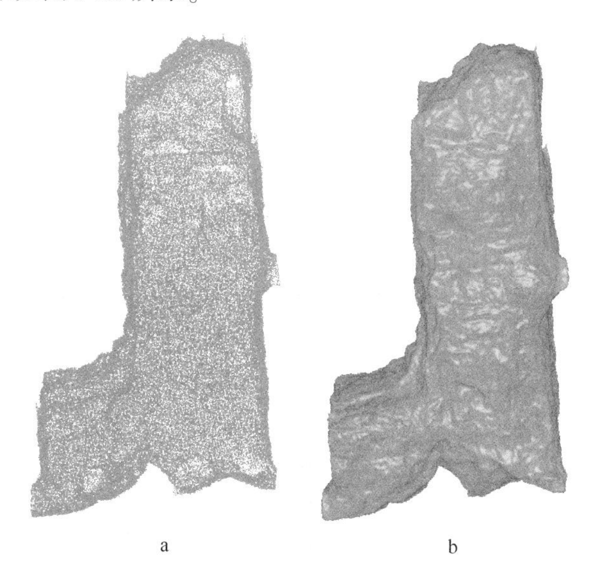

图 5-3 采用基于 RBF 的点云三维重建法的建模结果
a—采空区三维点云数据；b—采空区三维模型

5.1.3 基于 Delaunay 三角剖分的三维重建法

5.1.3.1 几何基础

所谓三角剖分，是由最初扫描得到的初始点云数据集，按照一定的算法相连最终形成三角网格的过程，三角剖分结果的好坏将直接决定点云重建的质量。因而，如何将空间点云相互连接并形成三角形拼接体，使其表示出物体几何特征是三角剖分的核心问题。通过相关算法将点进行连接，并重制出网格，来重新表现出物体的几何特性，即剖分网格重构。如图 5-4 所示为三角剖分的几何示意图。

对点云三角化这一类算法主要从两方面入手：一方面是通过一定方法对点云直接在三维空间内进行三角化得到三角面片；另一方面则利用了三维三角化是二

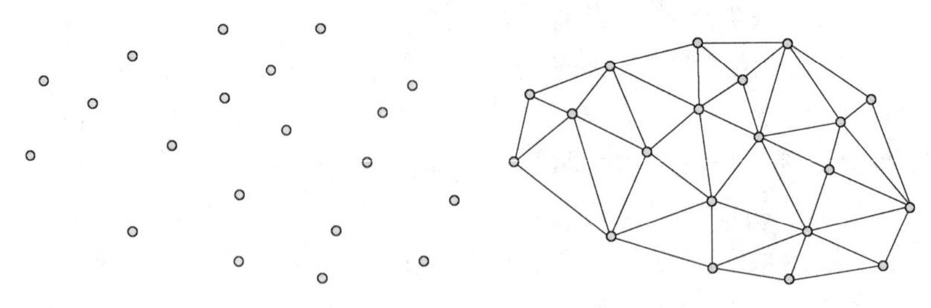

图 5-4 三角剖分示意图

维 Delaunay 三角化的延伸这一思想，先对点云进行拟合寻找一个合适的二维平面进行映射，之后在该平面上进行三角化，将最终结果返回三维空间，基于此种思想，根据点云分布特性的处理方式又分两种，一是将所有数据点投影至一个平面进行三角化，二是分片投影至合适平面进行三角化。

目前，三角剖分的优化准则很多，但这些优化标准都有一个共同特性，就是在点云三角化过程中，要尽可能避免出现三角形狭长较窄的情况，这是因为三角化后的曲面网格，其拓扑重建误差与三角形的最小内角有关，因此，如果能够增大三角网格的最小角，就可以提高还原的精度。目前，受到研究者们广泛认可的准则有泰森区域准则、最小内角最大准则、圆准则等，下面予以分别介绍：

（1）泰森区域准则（Thiessen region criterion）。对多边形平面区域进行划分，若相邻两区域公共线段长度并不为零，就称这两个平面的原始数据点为泰森强邻接点；若其公共相关线段只有一个点，则称这两个平面为泰森弱邻接点。当对一个凸四边形进行网格化时，只连接泰森强邻接点，构造的三角网格为最优三角网格。

（2）最小内角最大准则（Max-min angle criterion）。选取凸四边形进行网格化，若最终结果所得三角形出现狭窄三角形，这样的网格化大大降低重建模型的稳定性，且无法准确表达出待建物体的几何特征。只有连接对角线得到的全部三角形，其最小内角大于其他拓扑结构的最小内角，此时构造的三角面片才为最优三角网格。如图 5-5 所示，对凸四边形 $ABCD$ 进行三角剖分，显然，右图 $\triangle ADC$ 和 $\triangle ABC$ 的最小内角要大于 $\triangle ABC$ 和 $\triangle BCD$。这时就需要对其进行处理，利用向量积值判断算法，将其对角线进行变换，即内角转换，以实现稳定重构。

（3）圆准则（Circle criterion）。选取凸四边形的任意三个顶点，若剩余的顶点正好位于圆内就把该点与另外一个顶点相连，如果在圆外就将剩下顶点相连，这样构造的三角网格是最优的三角网。如图 5-6 所示。扩展到三维空间中，则每四个点所形成的四面体的外接空心球不包含其他点。

由于上述三条准则已经被证明是等价的，且同时符合上述三条标准的三角化方式也只有一种，研究者们称它为 Delaunay 三角剖分，因此，在后面的章节中本

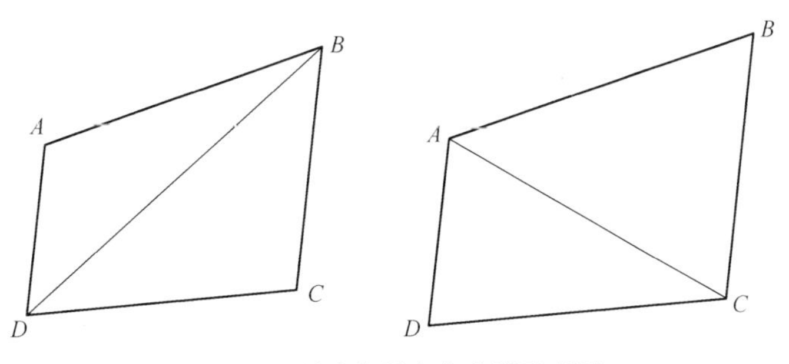

图 5-5 最小角最大化准则示意图

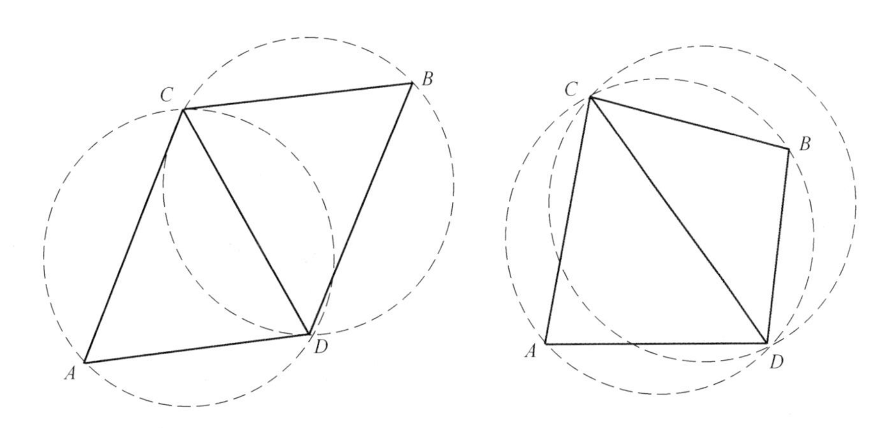

图 5-6 空心圆准则示意图

书将具体介绍德劳内（Delaunay）三角剖分的实现算法。

5.1.3.2 Voronoi 图

点云三角化问题最初起源于 Voronoi 图，是由一组离散点定义的最基本的构造之一，是由离散点云中相邻两点的垂直平分线互相连接而形成的拓扑结构。如图 5-7 所示。下面给出 Voronoi 区域的定义：

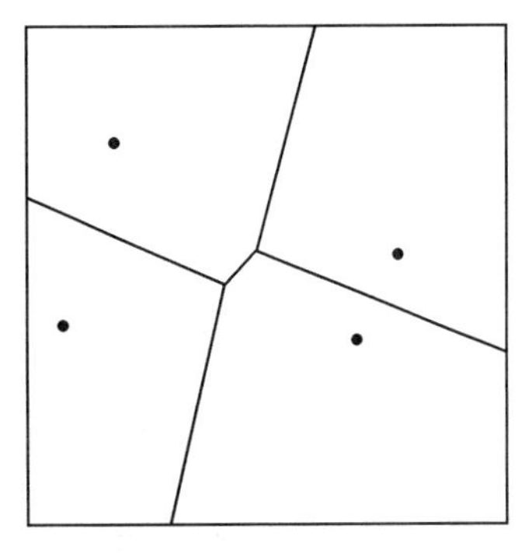

图 5-7 Voronoi 图

设 $S = \{p_1, p_2, \cdots, p_n\}$ 表示一组在平面上的 n 个数据点（又称为站点）。对于两个不同的站点 p，$q \in S$，p 的 Voronoi 区域被定义为平面上与 q 的距离不大于其与 p 的距离的点集共同构成的多边形区域。用符号 $V(p)$ 表示，Voronoi 区域可以用以下数学定义表示：

$$\mathrm{dom}(p,\ q) = \{x \in R^2/\delta(x,\ p) \leqslant \delta(x,\ q)\} \tag{5-1}$$

其中 δ 表示两点间的欧几里得距离。使平面上有区别的点按照最邻近原则划分平面，每个点与其所在的邻近区域相关联。显然，$\mathrm{dom}(p,\ q)$ 是一个封闭的半平面，由 p 和 q 的垂直平分线限定。该平分线把平面上所有的点通过对比其到 p 和 q 的距离进行划分，在 p 一侧的点集离 p 更近，因此也被称为 p 和 q 的分隔线，这些平分线的交点也被称为 Voronoi 的顶点，用 v 来表示。

平面上的 Voronoi 图也可看成是将点云数据集里的每个站点作为内核，并匀速向外进行扩充直到在平面上形成的完整的扩张区域。由于这些区域来自相交的 $n-1$ 个半平面，因此它们是凸多边形。一个 Voronoi 区域的边界最多由 $n-1$ 条边和 Voronoi 顶点组成，且图中的每个 Voronoi 顶点恰好是三条中垂线的交点。因此，每个维诺顶点都是原始点云集合的三个点的外接圆圆心，换句话说，并且此外接圆内不再含有数据集内其他站点。

5.1.3.3　Delaunay 三角化

1934 年，俄国数学家 Delaunay 首次提出了 Delaunay 三角形的概念，由于 Delaunay 剖分算法对三角化后的模型具有良好的稳定性，拼接后的结构及网格非常易于控制，并且剖分后形成的三角网格整体而言接近于正三角形。因此，Delaunay 剖分法目前是国内外权威专家和学者公认的最优算法，得到了许多相关人士的关注与运用。如图 5-8 所示。

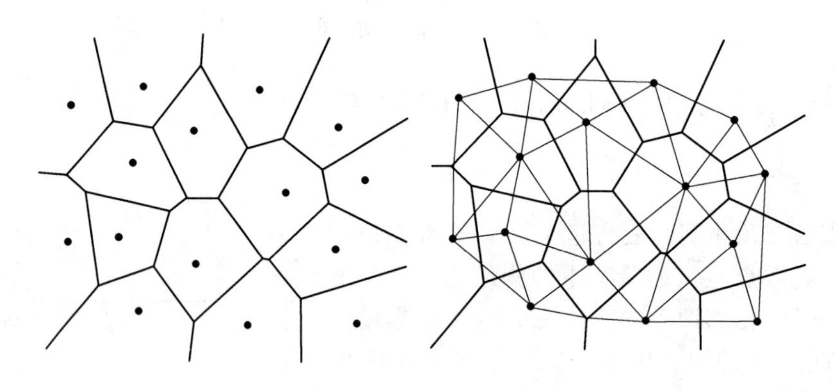

图 5-8　Delaunay 三角形示意图

Lawson 曾给出一个 n 维 Delaunay 三角剖分的定义：对于给定的一组散乱数据点集 $S = \{p_1,\ p_2,\ \cdots,\ p_n\}$ 进行三角剖分，使得在 P 中没有点严格处于 $\mathrm{DT}(P)$ 中任意一个三角形外接圆的内部的唯一剖分方式。Delaunay 三角形拓扑结构有着较一般三角形拓扑更为优秀的几何特性，具体而言有以下几条：

（1）相邻性：Delaunay 三角形在大部分情况下都由最相邻的三个点相互连接

构建，因此多个三角形之间并不互相重叠；

(2) 区域性：在 Delaunay 三角化的过程中如果插入或者删除某个数据点的信息，只会导致其附近较小范围区域内的数据点拓扑方式受到牵连，而不会使大部分剖分结果改变；

(3) 唯一性：无论使用何种算法进行 Delaunay 三角化剖分，其最终得到的结果都是唯一确定的，且无论选择从任何数据点开始进行三角化操作，所得到的最终三角面片都是唯一确定的；

(4) 局部重连性质：在 Delaunay 三角化的构建过程中，如果在三角网内部还存在有独立的、未被连接的数据点，需要对该点进行判断，判定该点是否能够体现出最终重建结果的几何特征，并视其判断情况对该数据点进行局部重连。学者德劳内证明了 Voronoi 图与 Delaunay 三角的对偶关系，对二维或者三维的散乱数据点进行 Voronoi 域分割后，寻找具有公共中垂线的散乱点并将其互相连线，最终形成的三角剖分即是 Delaunay 三角剖分，由于 Delaunay 剖分与 Voronoi 图在几何位置上的对偶性，可以利用 Voronoi 图来验证 Delaunay 三角化是否正确，在实际重建过程中，也可以利用 Voronoi 图的生成算法来生成 Delaunay 图，从而大大提高重建效率。由此前叙述已经得知，平面内的 Delaunay 三角剖分满足 5.1.3 节所阐述的三条准则，而空间中的 Delaunay 剖分则满足上述三条准则在空间中的扩展部分。经过多年的发展，由德劳内的特点处理点云后，其结果最能表现物体的几何模型，并且孔洞最少，本书所提供的重建方式也是基于散乱点云数据集进行 Delaunay 剖分得来的。

5.1.3.4 Delaunay 三角化主要算法

Delaunay 三角化自从被学者提出以来已经逐步成为目前三维重建领域的主流算法，由于影响该三角化方法效率的因素很多，包括待测模型本身拓扑结构、采样密度要求等，因此本书将 Delaunay 剖分方式大致分成三种：分治法、逐点插入法以及三角网扩充法。值得注意的是，学者们目前对这三类算法进行了较大的改进，并将其相互结合起来，如文献等，从而使得这三类 Delaunay 三角化方法优势互补，但总的来说，这三类算法仍然是 Delaunay 三角化的基本核心思路。

A 分治法

分治法最早由在 1975 年由国外学者 Shanmos 和 Hoey 提出，他们采用了并行的思想，对点云进行分块拼接，因此该方法也被称为分割归并法。Lewis 等人进一步深化了该方法，将其用于 Delaunay 三角形的构建当中。将点云数据细化分块，使得每一块的点云数据能够更加方便快捷的进行 Delaunay 三角化，从而构建出多个局部的三角面片集合，之后设立连接规则，将这些面片合并，完成整个模型曲面三角网格构建。其具体操作步骤如下：

（1）通过计算机读取点云数据集内容，通过点云数据集合中各个点的坐标值大小进行排列；

（2）将排序后的点云数据集合划分成多个互不相交的集合；

（3）对划分后的各个集合按照优化准则构建 Delaunay 三角面片，生成局部三角面片集；

（4）构建相关方法，对各个集合三角网格的边界处进行拼接，得到最终整个模型的三角网格。

分而治之的算法思想使得重建过程变得较为简便，但其运算时间复杂度与算法复杂度会受不同因素的影响，例如分割方式的不同会导致子集个数的变化、局部三角网格构建的算法不同也会影响 Delaunay 三角化的时间等。

局部三角网的构建方面，学者们一般利用较为成熟的 Delaunay 三角网格化方法，其中以逐点插入法和增量扩充法最具代表性。利用这些算法生成局部的曲面网格后，需要设立相关规则方法对相邻网格边界进行连接，合并过程如图 5-9 所示。

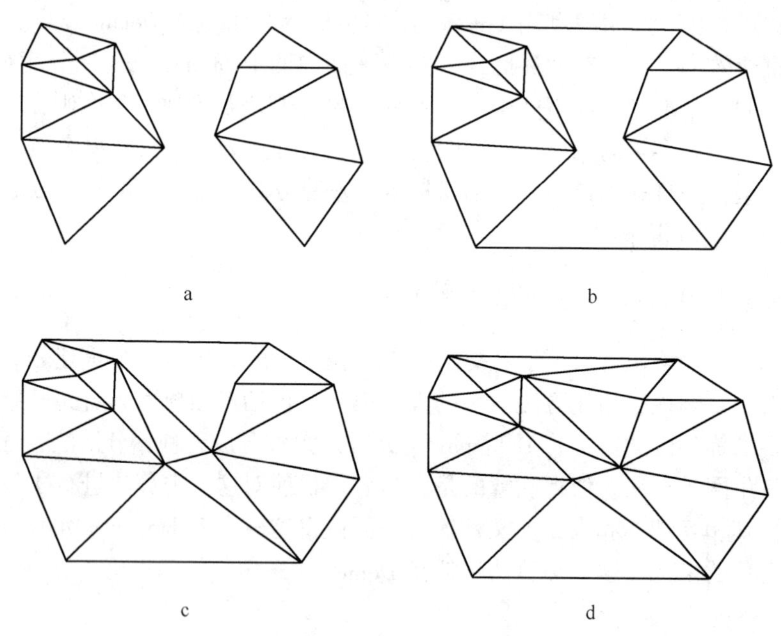

图 5-9　连接过程示意图

a—初始局部曲面；b—设定分割曲面集合；c—德劳内三角化；d—LOP 优化

在对各部分的三角网格进行拼接时，需要利用局部最优法（Local Optimization Procedure，LOP）对每个三角面片进行检验，使生成的三角面片是最优三角面片。局部最优法的核心思路是对凸四边形的对角线进行交换，从而增强三角面片的等角性质。具体而言主要是运用 Delaunay 三角化的外接圆特性，即最多只有三个点共圆。利用该特性可以判断两个具有公共边的三角形的最小内角是否最大，若满足公共边空外接圆特性则不做处理，否则进行对角线对换。

B 逐点插入法

逐点插入法是由国外学者最先提出的，并逐渐扩展到其他重建领域而来的一种插入点法。其核心思想是：构建包围盒将所有点云数据包围，然后在包围盒内插入数据点，由于在 Delaunay 三角化过程中，新插入的数据点只会影响附近较小领域的拓扑结构，因此可以较为方便的建立新的拓扑关系，对三角面片进行优化，删除包含有该包围盒边界数据点的三角形从而实现重建。具体实现步骤如下：

（1）构建包含所有数据点的包围盒，常用的有三角形，四边形等，通过点云数据的坐标值来判断点云范围，从而设置包含该范围的点云数据。

（2）在包围盒内对所有的点云数据依次进行插入，当某个数据点作为当前插入点时，对包含该插入点的目标三角网格进行查询，根据插入点与该三角网格的坐标关系，构建局部三角网络由于该数据点插入时只影响包含该数据点的 Delaunay 三角形拓扑结构，而对不包含该数据点的三角网格没有任何影响，因此只需要考虑目标三角网格内部的拓扑变化。

（3）利用 LOP 算法对其进行优化，能够得到质量较优的三角网格。

（4）重复步骤（2）和步骤（3），将所有处理完的点集数据加入到相关完成链表当中。

（5）得到的三角网格中含有步骤（1）设置的最外层包围盒，因此删除所有包围盒的顶点以及与之相连的三角网格，从而完成对 Delaunay 三角网格的优化。

逐点插入法的关键在于集合内点的插入操作，其示意图如图 5-10 所示。

可以看到，逐点插入法相比较分治法而言，占用存储空间不大，对不同规模的数据都有较好的适用性，但随着三角网格内的三角面片逐渐增多，新插入的数据点的位置很难确定，LOP 优化过程也会随之增加额外开销，使运行效率降低。因此对新插入数据点对应的目标三角形进行定位操作就显得尤为重要。研究者分别通过不同的集合方法来确定目标三角形，通过计算三角形的质心和其到三角形的边界距离来判断新插入的坐标点是否属于当前三角形内，当插入点与当前三角形的质心同处于边界的区域内，则定位该三角形为目标三角形。通过计算插入点与三角形三条边的几何关系来对三角形进行定位，这一方法使得算法的运算效率大大增加，但是也会出现定位三角形不确定使得定位三角形的质量并不能达到最优。

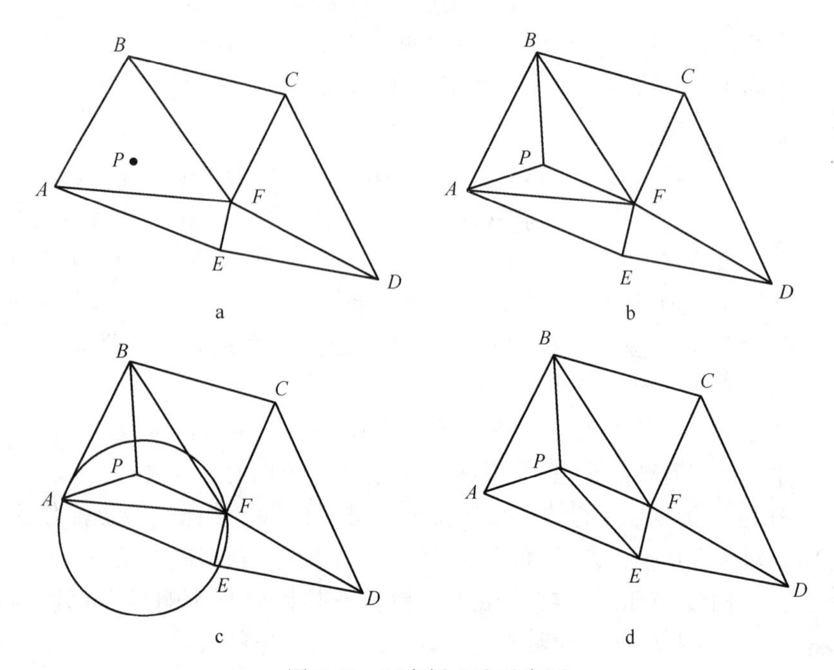

图 5-10　逐点插入法示意图

a—初始增加点 *P*；b—德劳内化；c—LOP 优化；d—最终插入拓扑

C　三角网生长法

三角网生长法又称为区域增量法或者区域扩充法，是目前 Delaunay 三角化的主流算法，因其实现较为简单，三角化时间短精度较高而被广大学者认可，此外这一方法可以与拼接算法相对应。其算法思路是：首先寻找一个初始的坐标点，对其 k 阶领域内较为接近的数据点进行查询，选择较为合适的邻近点作为基准边，在该边附近区域寻找合适的点，按照一定规则寻找另一顶点与基准边的两个端点相互连接，从而构成初始三角，以形成的两条新边为边界区域继续扩充，递归执行上述步骤，最终生成三角化后的曲面。具体实现步骤如下：

（1）选取初始点云数据集中坐标值最小的一点，将其作为初始点进行扩展。

（2）找到与该点 k 阶领域的数据点，连接两点形成相应初始边，将其作为初始的基准边。

（3）根据初始基准边，对该边领域内按照 Delaunay 三角形的优化准则，寻找能够与基准边构成 Delaunay 三角面片的一点连接形成初始三角面片。

（4）将该初始三角形的另外两条边作为基准边，按照步骤（3）的规则继续进行扩展；将已经被扩展过的基准边收回到以扩充链表当中。

（5）重复步骤（4）直到所有的基准边都被收回到扩充链表。

图 5-11 是国内某金矿使用三维激光扫描仪对采空区进行扫描获取的三维点云数据，点云数据量为 1285971 个，采用基于 Delaunay 三角剖分的三维重建法对点云数据进行建模的结果如图 5-11b 所示。

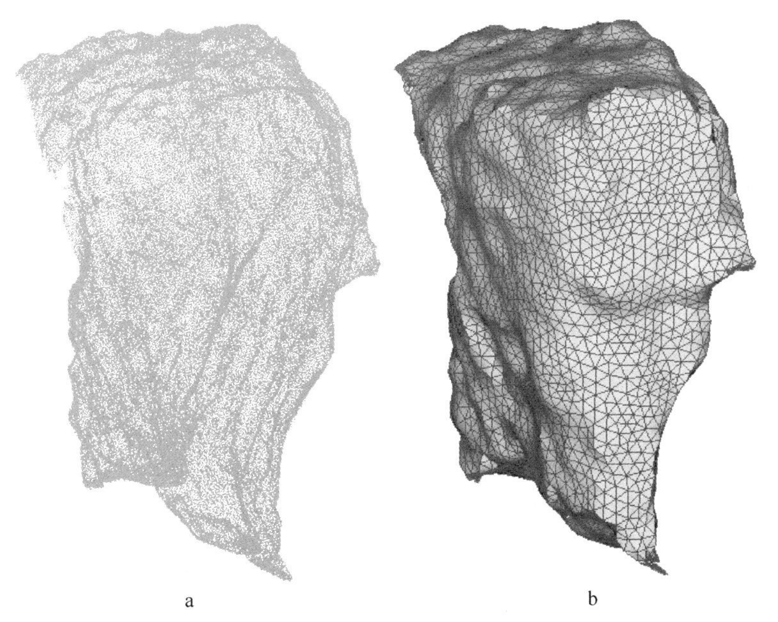

图 5-11　采用基于 Delaunay 三角剖分的三维重建法的建模结果
a—采空区三维点云数据；b—采空区三维模型

5.1.4　Marching Cubes 三维重建法

Marching Cubes 算法是三维数据场等值面生成的经典算法，于 1987 年由 William E. Lorensen 和 Harvey E. Cline 提出，它是体素单元内等值面抽取技术的代表，是最有影响力的算法之一，一直沿用至今。在 Marching Cubes 方法中，假设原始数据是离散三维规则数据场。

MC 的基本假设是：体数据是局部线性连续的。根据这个假设，它认为，如果两个相邻采样点一个为正点，一个为负点，则它们连成的边上一定存在一个等值点 $P \mid f(p)=c$ 。如果得到了体素各条边上的等值点，就可以以这些点为顶点，拟合成一系列的三角形作为等值面在该体素内的一个逼近表示。逐个处理每个体素直至所有体素处理完成，就可以抽取到有用的目标等值面。

在三维规则数据场中，如果某体素的顶点的函数值大于或等于给定的要构造的等值面的值，那么就将该顶点赋值为 1，此顶点被认为是在等值面内（或在等值面上）。反之如果顶点的函数值小于等值面的值，那么该顶点就被赋 0，被认为是在等值面外。由于 MC 算法的基本假设是沿着立方体的边，数据场呈连续线性变化，也就是说，如果一条边的两个顶点分别大于、小于等值面的值，则在该边上必有也仅有一点是这条边与等值面的交点。根据这一原理就可以判断出哪些体元与等值面相交。

由图5-12 可知，每个 CUBE 有 8 个顶点，每个顶点有正负两种状态，在等值面内或在等值面外。这样等值面与立方体相交的情况就只有 2R = 25G 种。将这 256 种情况编号后放在一个索引表内供查找就可以确定每一个立方体中等值面的三角面片构造方法。但是尽管这种方法是可行的，若要一一列举出来，很是麻烦，而且容易出错。在此，如果考虑等值面的值和 8 个顶点的函数值大小关系正好相反，那么等值面与顶点的拓扑关系不会改变，亦即正负互补对称性，这样，256 种状态简化成 128 种。如果再考虑 8 个顶点中存在的旋转对称性，又可将不同的情况进一步组合，从而将 128 种情况缩减到 14 种不同的相交情况。再加上不相交的情况，就可以得出一个 CUBE 与等值面相交可能的 15 种情况，如图5-12 所示。

在图5-12 中，第 0 种情况表示 CUBE 中所有顶点的值都大于或小于要构造的等值面的阈值，CUBE 与等值面不相交。第 1 种情况表示有一个顶点的值大于或小于等值面的阈值，其余 7 个顶点均与其相反，于是这个立方体有三条边与等值面相交，产生了一个三角片。如果考虑如上所述的对称情况，这一种情况实际代表了 16 种情况。以此类推，这 14 种情况代表了一个体元与等值面相交的所有 256 种情况。

基于顶点的情况，MC 方法构造了一个包含 256 种相交情况的索引表。如图 5-13 所示，一个索引项的每一位分别对应于一个顶点的状态，每一个索引项都指向 15 种情况的一种。

当三维离散数据场密度很高的时候，等值面与体素边的交点可以通过边两端的顶点值线性插值得到，再把这些端点连接成三角形表示等值面。于是，在每一个立方体中，包含的等值面片被至少一个至多 4 个三角片逼近。

最后，需要计算每一个三角片的每一个顶点的单位法向量。在得到所有三角片顶点的单位法向量后，可以基于 Gouraud 或 Phong 型光照模型，利用图形学技术在计算机屏幕显示等值面的多边形曲面模型。

对于密度恒定的曲面来说，面上每一点沿切线方向的法向量为 0，因此，梯度向量 $\vec{g}$ 就是曲面法向量的方向。如果梯度向量的幅值 $|\vec{g}|$，我们就可以用这一原理来确定曲面的法向量。所幸的是，人们感兴趣的等值面往往介于两种不同密度的物质之间，它的梯度向量不为 0。要计算等值面的梯度，只要首先估计出体素顶点的梯度值，再用线性插值计算出交点处的梯度。

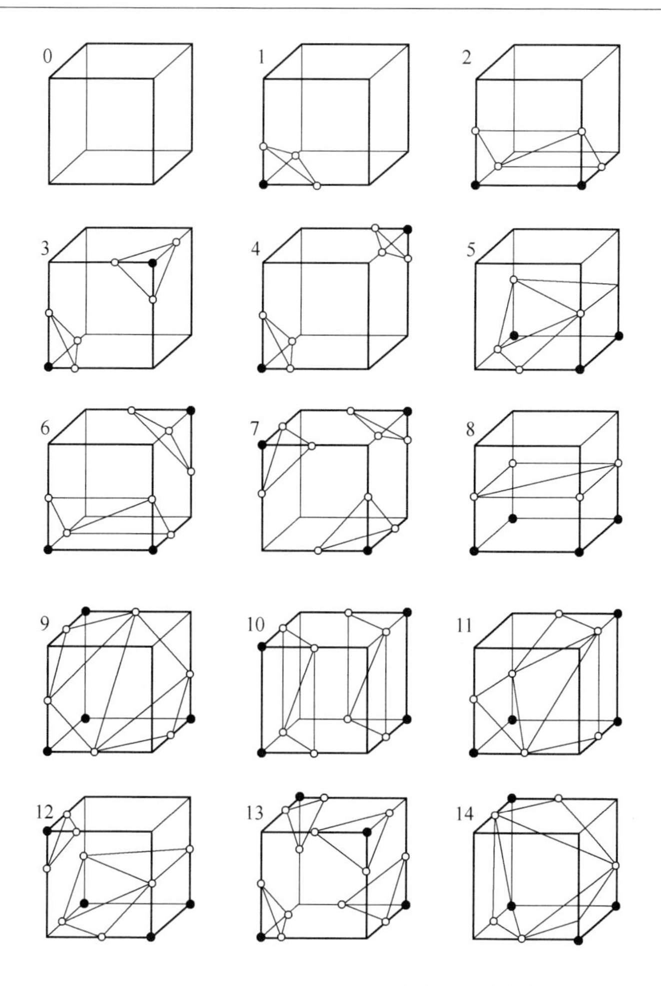

图 5-12 CUBE 与等值面关系的 15 种模式

$$
\begin{aligned}
G_x &= D(i+1, j, k) - D(i-1, j, k) \\
G_y &= D(i, j+1, k) - D(i, j-1, k) \\
G_z &= D(i, j, k+1) - D(i, j, k-1)
\end{aligned}
\tag{5-2}
$$

式中，$D(i, j, k)$ 是点 (i, j, k) 处的灰度。

Marching Cubes 算法的步骤可以归纳如下：

(1) 读取三维点云数据，由相邻的八个顶点构成 CUBE。

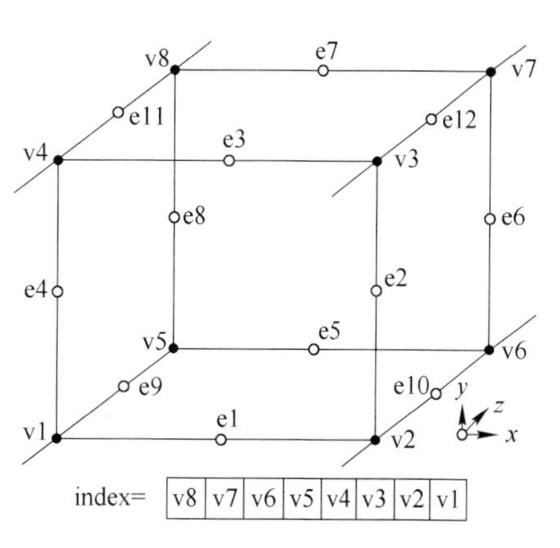

图 5-13 索引表的构造

（2）通过比较 CUBE 中的每一个顶点的函数值与等值面等值的大小，构造状态表。

（3）在之前生成的索引表中查找得到每个 CUBE 与等值面的相交情况的索引项。

（4）利用线性插值方法计算出 CUBE 与等值面的交点。

（5）估计出每个 CUBE 顶点的梯度值，通过插值计算出三角形各顶点处的梯度向量，也即各顶点的法向量。

（6）根据得到的三角形顶点坐标和法向量，基于 Phong 型光照模型，绘制得到的等值面的多边形曲面模型。

图 5-14 是国内某铅锌矿使用三维激光扫描仪对采空区进行扫描获取的三维点云数据，点云数据量为 3375612 个，采用 Marching Cubes 三维重建法对点云数据进行建模的结果如图 5-14b 所示。

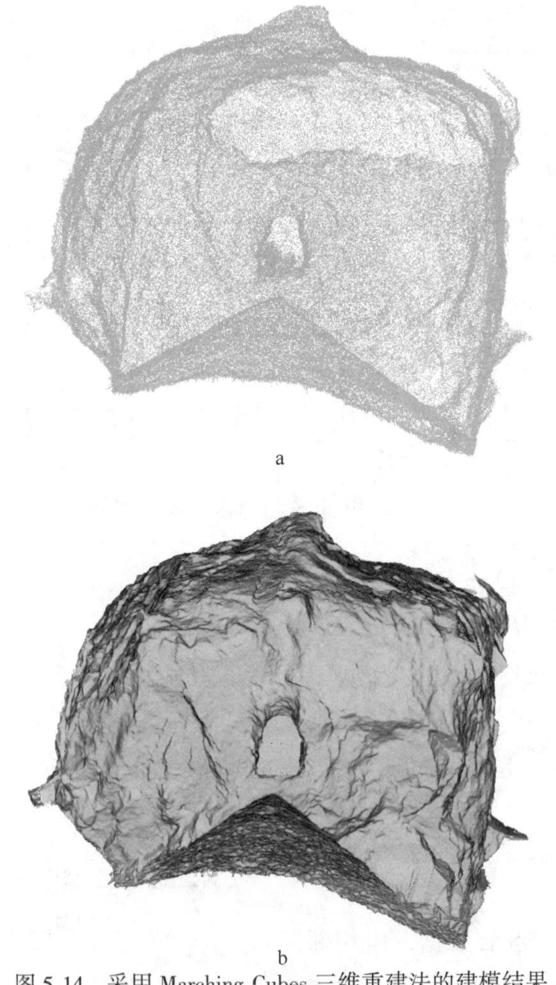

a

b

图 5-14　采用 Marching Cubes 三维重建法的建模结果

a—采空区三维点云数据；b—采空区三维模型

5.1.5 轮廓线三维重建法

三维激光扫描仪扫描获取的点云数据属于散乱数据结构，但是三维激光扫描仪扫描过程存在规律，扫描点云数据是由一圈一圈线点云组成，考虑点云数据的形成过程，可以把扫描点形成扫描线，然后使用轮廓线三维重建方法形成三维模型。

5.1.5.1 凸轮廓线之间三维重建法

如果存在相邻两条轮廓线（如图 5-15 所示），那么将其三维重建问题称为单轮廓线的重建问题。假设上轮廓线上的点列为 P_0，P_1，P_2，…，P_{m-1}，下轮廓线上的点列为 Q_0，Q_1，Q_2，…，Q_{n-1}。点列均按逆时针方向排列。将上述点列分别依次用直线连接起来，则得到这两条轮廓线的多边形近似表示。每一个直线段 $\overline{P_iP_{i+1}}$ 或 $\overline{Q_iQ_{i+1}}$ 称为轮廓线段。如图 5-15 所示，连接上轮廓线上一点与下轮廓线上一点的线段称为跨距。这样，一条轮廓线线段，以及将该线段两端点与相邻轮廓线上的一点相连的两段跨距构成了一个三角面片，称为基本三角面。而该两段跨距则分别称为左跨距和右跨距。

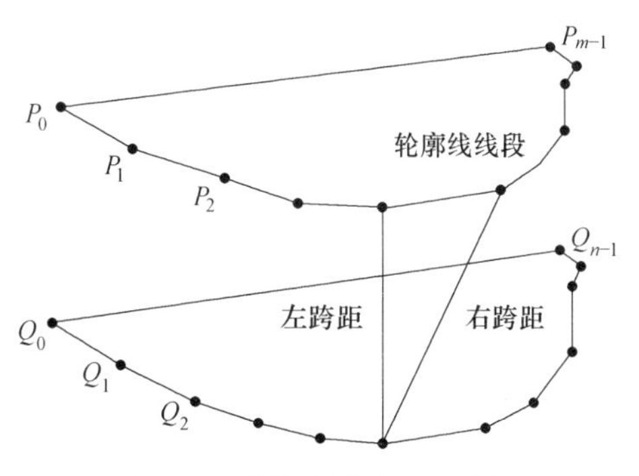

图 5-15　单轮廓线重建示意图

实现两条轮廓线之间的三维面模型重构就是要用一系列相互连接的、不存在内部相交的基本三角面将上下两条轮廓线连接起来，这就要求：

(1) 每一个轮廓线段必须在而且只能在一个基本三角面片中出现。因此，如上、下两条轮廓线各有 m 个和 n 个轮廓线段，那么，合理的三维表面模型将包含 $m+n$ 个基本三角面片。

(2) 如果一个跨距在某一基本三角面中为左跨距，则该跨距是而且仅是另一个基本三角面片的右跨距。

可以用有向图来表示相邻两条轮廓线上点列之间的连接关系。若相邻两轮廓线上的点列为 P_0，P_1，…，P_{m-1} 及 Q_0，Q_1，…，Q_{n-1}，则可以用一个 m 列 n 行的有向图 $G(V, A)$ 来表示点列及其间的连接关系（V 表示顶点、A 表示弧），见图 5-16。图中的每个节点表示上轮廓线的一点与下轮廓线的一点之间的跨距，V_{ij} 表示 P_i 点与 Q_j 点之间的跨距；图中的弧对应于所有可能的基本三角形，弧 $[V_{i,j}, V_{i,j+1}]$ 表示连接 P_i，Q_j，Q_{j+1} 的基本三角面，称为水平弧。同理，弧 $[V_{i,j}, V_{i+1,j}]$ 表示连接 P_i，P_{i+1}，Q_j 的基本三角形，称为垂直弧。从图 5-16 中可以看出，一组可接受的表面对应于从节点 V_{00} 开始到 $V_{(m-1)(n-1)}$ 的一条路径。显然，有很多路径可供挑选，例如图 5-17 中的路径。

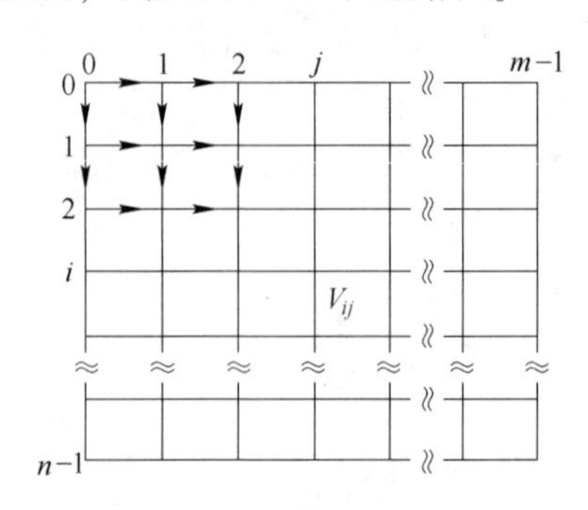

图 5-16　表示轮廓线上点列连接关系的有向图

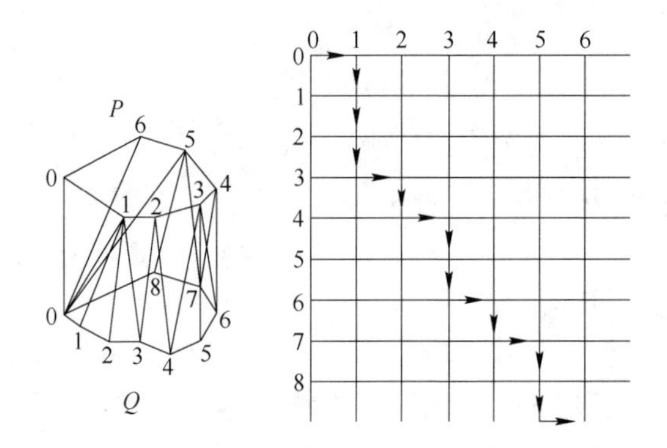

图 5-17　一个可接受表面及与之对应的有向图途径

从如此众多的可接受表面中确定所需要的组合需要使用一定的方法。显然，穷举法可以获得全局的最优解，但这种方法是需要很多代价的。

在有向图中，对应于可接受表面的一条路径中的每一条弧赋予一个数值 φ_α，这实际上是给该弧所形成的基本三角面片赋予一个值。由于每一条路径 $m+n$ 个弧 a_1，a_2，…，a_{m+n}，因此，对应于该条路径的总的数值为：

$$\Re = \sum_{k=1}^{m+n} \varphi_{\alpha_k} \tag{5-3}$$

在此基础上，有两种不同的方法来确定所需要的可接受表面的路径。

（1）优化法：优化的目标可以是两平行平面的轮廓线之间连接生成的表面积为最小，这时 φ_α 的定义是基本三角形的表面积，其目标路径为最小数值路径；也可以将 φ_α 值定义为该三角面片所包围的体积，其优化的目标是两平行平面的轮廓线之间连接生成的表面所包围的体积为最大。因此，其目标路径为最大数值路径，这两种目标函数各有其应用背景。但是，无论哪一种目标函数都需要用全局搜索策略来求解，尽管已经提出了不少算法，但效率仍然不高。

（2）启发式：基于局部计算和策略的启发式方法则不同，尽管也有其追求的目标，如路径最短或体积最大等，但并不要求实现全局最优，而是基于局部计算来决定当前的选择。因而可以在不超过 $m+n$ 步的计算中得出两轮廓线之间用一系列三角面片连接的近似最优解，计算量小，速度快，实例表明其效果是很好的。三种启发式方法分别如下所述。

A　最短对角线法

如图 5-18 所示，设上轮廓线为 P，下轮廓线为 Q，不失一般性，设 Q 上距 P_i 点最近的点为 Q_j，则以跨距 P_iQ_j 为基础用最短对角线法来构造两轮廓线之间的三角片。如对角线 $P_iQ_{j+1}<P_{i+1}Q_j$，则连接 P_iQ_{j+1}，形成三角形 $Q_jP_iQ_{j+1}$，否则，连接 P_{i+1}，Q_j。这就是最短对角线法的基本原理。这一方法简单、易于实现，而且当上、下两条轮廓线的大小和形状相近，相互对中情况比较好时，这一方法的效果比较好。

但是，在较为复杂的情况，这一方法可能会失败。如图 5-19 所示，由于上下两条轮廓线的中心点相差较远，采用上述最短对角线法，将会产生一个圆锥面，这显然是不符合要求的。该算法所采用的补救办法是，在构造三角面片之前，将两条轮廓线变换至以同一原点为中心的单位正方形之内，从而比较好地保证了大小和形状的近似，并使对中情况较好。当然，在变换后的轮廓线之间连接好三角面片之后，需要进行反变换，将各轮廓线变换到原来的位置。

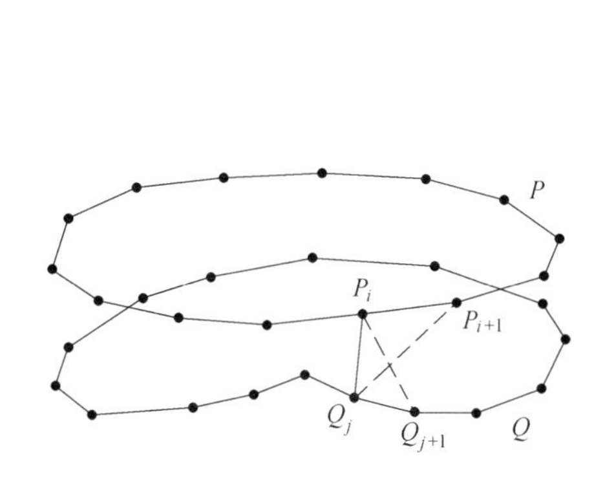

图 5-18　最短对角线法示意图

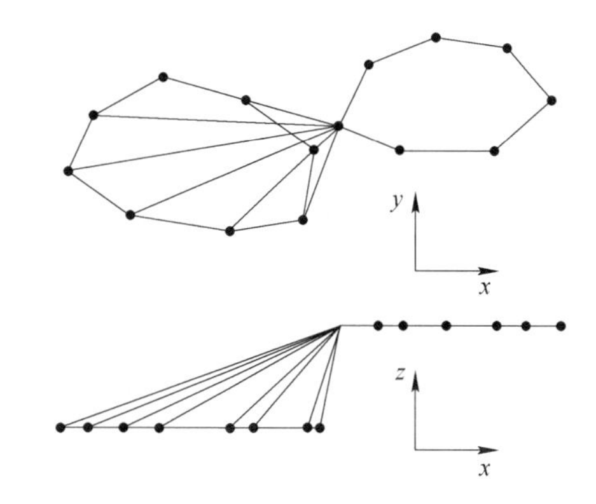

图 5-19　最短对角线法失败情况

B　最大体积法

最大体积法的基本思想是，选择当前的轮廓线线段，或者说图中的弧，使得由新产生的三角面片所构成的四面体体积为最大。其方法是，为每一条水平弧线定义一个函数值 φ_h，为每一条垂直弧线定义一个函数值 φ_v。在图 5-20 中，与第

一条水平弧 $[V_{ij}, V_{i,j+1}]$ 相关联的是一个四面体 $T_{ij}^{h}[P_iP_{i+1}Q_jO_q]$，其中 Q_q 可以是下轮廓线内部的任意一点，于是，φ_h 的值定义为四面体 T_{ij}^{h} 的体积。与此相似，与每一条垂直弧$[V_{ij}, V_{i+1,j}]$ 相关联的是一个四面体 $T_{ij}^{v}[P_iQ_jQ_{j+1}O_p]$，其中 Q_p 可以是上轮廓线内部的任意一点，于是，φ_v 的值定义为四面体 T_{ij}^{v} 的体积。

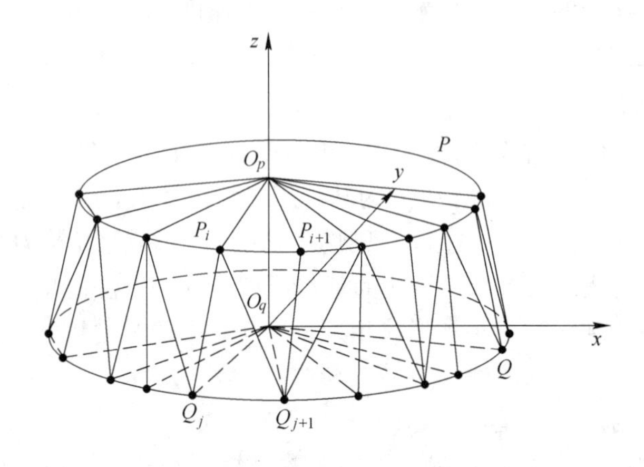

图 5-20　最大体积法示意图

表示一组可接受表面的路径有 m 个水平弧 h_0，h_1，…，h_{m-1} 和 n 个垂直弧 v_0，v_1，…，v_{n-1}。于是，可定义总的 $\mathfrak{R}$ 值为：

$$\mathfrak{R} = \sum_{i=0}^{m-1} \varphi_{hi} + \sum_{j=0}^{n-1} \varphi_{vj} \tag{5-4}$$

以最大体积为目标的启发式方法是，在某一节点 V_{ij}，计算出 $\varphi_h = T_{ij}^{h}$ 的体积及 $\varphi_v = T_{ij}^{v}$ 的体积，如果 $\varphi_h > \varphi_v$，则选择水平弧，将节点移动至 $V_{i,j+1}$。否则，选择垂直弧，将节点移动至 $V_{i+1,j}$。因此，用 $m+n$ 步可以将上下两层轮廓线用三角面片连接起来，从而使围成的体积近似的为最大。

C　相邻轮廓线同步前进法

这一算法的基本思想是，在用三角面片连接相邻两条轮廓线上的点列时，使得连接操作在两条轮廓线上尽可能同步前进。对每个基本三角面片赋于权值 φ_α，其含义为该三角面片的轮廓线长度除以该线段所在轮廓线的周长所得的值。显然，对于一个可接受表面的 m 个水平弧和 n 个垂直弧，可以有：

$$\mathfrak{R} = \sum_{i=0}^{m-1} \varphi_{\alpha hi} = 1 \tag{5-5}$$

$$\mathfrak{R} = \sum_{i=0}^{n-1} \varphi_{\alpha vj} = 1 \tag{5-6}$$

因此，使三角形连接在两条轮廓线上得以近似地同步前进的准则可描述为：

在任何一步，三角面片的连接应使水平权值之和与垂直权值之和的差值最小。那么，当构成一个可接受表面时，该差值应为零。

如图 5-21 所示，Φ_h'表示上轮廓线中已经存在的轮廓线长度之和的标称值。Φ_v'表示下轮廓线已经存在的轮廓线长度之和的标称值。此时，下一步选取的三角面片有两种可能，即 $\Delta P_iP_{i+1}Q_j$ 或 $\Delta P_iQ_iQ_{j+1}$。如果

$$|\Re_h' + \varphi_h - \Re_v'| < |\Re_v' + \varphi_h - \Re_h' + \varphi_h| \tag{5-7}$$

则选取 $\Delta P_iP_{i+1}Q_j$，即沿上轮廓线前进一步。否则，选取 $\Delta P_iQ_iQ_{j+1}$，即沿下轮廓线前进一步。与前述两种方法一样，用 $m+n$ 步可以实现相邻两轮廓线之间的三角形连接。可以选择两条轮廓线上具有最小 x 坐标值的一对点作为起点，首先将其连接，并以此作为起点实现上述启发式算法。

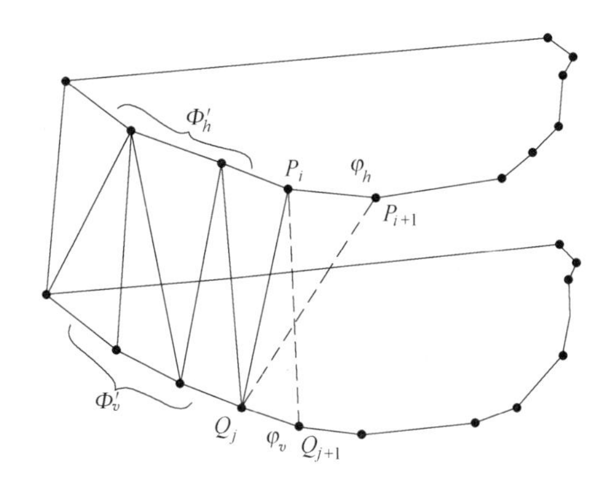

图 5-21 相邻轮廓线同步前进法示意图

5.1.5.2 非凸轮廓线之间三维重建法

当两条轮廓线或其中之一为非凸轮廓线时，构造该两轮廓线之间的可接受表面要复杂一些，直接使用上面的方法有时会出现错误的结果。

在图 5-22a 中，由于上下两条轮廓线的大小和形状相似，并且对中较好，因此用最短对角线法可以得到正确的结果。但在图 5-22b 中，由于上下两条轮廓线的形状相差较大，因而用最小对角线法得到的结果是错误的，这是因为由上轮廓线上的点 P_{i+1} 到下轮廓线上的点 Q_j，Q_{j+1}，… 各点的对角线都比相应的 P_iQ_{j+1}，P_iQ_{j+2}，…对角线要长的缘故。

上面介绍的相邻轮廓线同步前进法，从理论上来说，是可以应用于非凸轮廓线之间的三角面片重构的，但是可能会产生三角面片之间不正常的相交，需要进行检查，加以剔除，而这是十分费时的。

实现非凸轮廓线之间三角面片重构的比较好的方法是，首先将非凸轮廓线变换

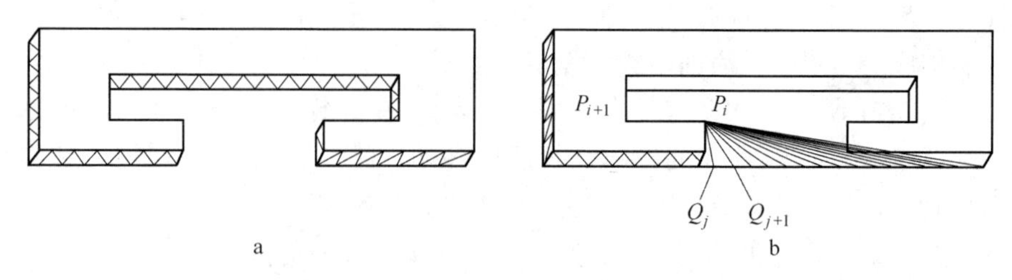

图 5-22　最短对角线法及其失效情况

a—最短对角线法有效情况；b—最短对角线法失效情况

为凸轮廓线，在凸轮廓线之间构造好三角面片之后，再将其反变换为非凸轮廓线。

A　非凸轮廓线的递归分解

如果一条封闭的轮廓线 P 与其凸包 E 有差异，则 P 为非凸轮廓线。设有序点列 P_i 构成非凸轮廓线 P，为了叙述方便，将其表示为$(P)^0$。设该轮廓线的凸包为 E，将其表示为$(E)^0$。显然，$(E)^0$ 中只包含构成非凸轮廓线的点集 P_i(1 点集的点) 的部分子集。由于$(P)^0 \neq (E)^0$，在$(E)^0$ 中至少可以找到相互连续的两个点 P_{j1} 及 P_{i1}，但是在$(P)^0$ 中找不到。实际上，位于 P_{j1} 及 P_{i1} 之间的点必定包含在$(P)^0$-$(E)^0$ 中，组成了一个凹区，并表示为$(P)^1_{(i1,\ j1)}$，这种分解方法可以递归进行。不能再继续分解的凹区称为基本凹区。

整个非凸轮廓线分解后可以用一棵树来表示，树的根为初始的非凸轮廓线，树的叶子节点均为不可再分的基本凹区，该树第 n 层的分支节点表示了 n 阶凹区(见图 5-23)。

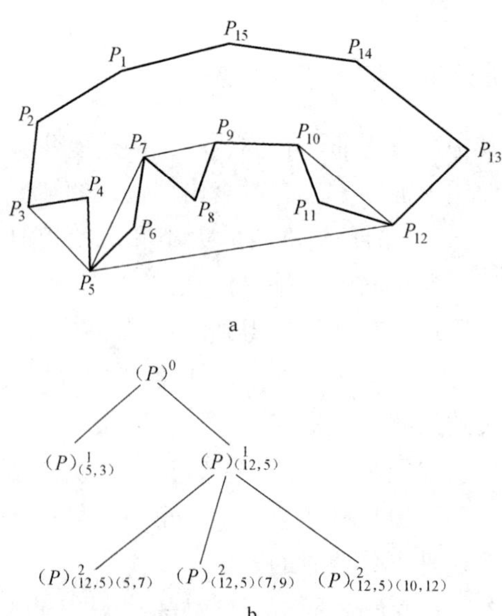

图 5-23　非凸轮廓线递归分解及树形表示

B 非凸轮廓线的变换

非凸轮廓线的变换基于非凸轮廓线的递归分解。从树形结构的叶子节点开始，由底向上，逐级处理，即逐级消除非凸轮廓线的基本凹区，最后形成一条凸轮廓线，在树结构表中表示为一个单一节点。

消除非凸轮廓线的基本凹区是这样进行的，即将凹区上的各点投影到其父节点定义的轮廓线上，如图 5-24 所示。设 $(P)^{n}_{(i_1,\ j_1)\cdots(i_n,\ j_n)}$ 为一个 n 阶的基本凹区，将凹区上由 P_{i_n} 到 P_{j_n} 的区间内各点 $P_{i(x_i,\ y_i)}$ 按下式投影到 P_{i_n} 与 P_{j_n} 的连线上。如设投影点为 P_i'，其坐标为$(x_i',\ y_i')$，则有：

$$
\begin{aligned}
x_i' &= x_{i_n} + R_i(x_{j_n} - x_{i_n}) \\
y_i' &= y_{i_n} + R_i(y_{j_n} - y_{i_n})
\end{aligned}
\tag{5-8}
$$

其中

$$
R_i = \frac{\sum\limits_{k-in}^{i-1} d(p_k,\ p_{k+1})}{\sum\limits_{k=in}^{jn-1} d(p_k,\ p_{k+1})}
\tag{5-9}
$$

而 $d(p_k,\ p_{k+1})$ 则代表两点间的欧式距离。由式（5-8）可知，按该式得到的各投影点 p_i' 的坐标保持了基本凹区边界上各点之间的相对位置。

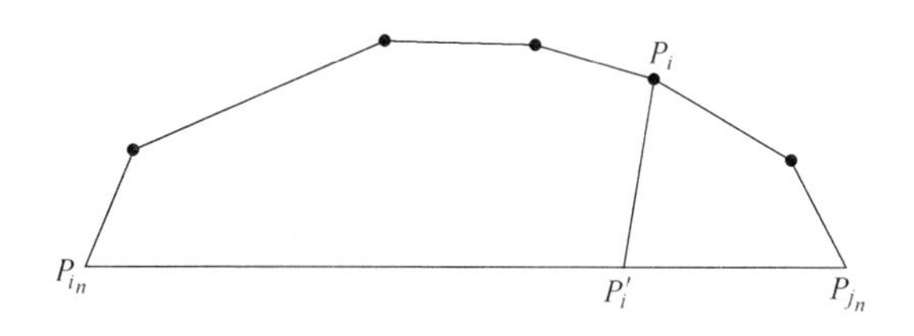

图 5-24 通过投影消除非凸轮廓线

按图 5-23 的树形结构，由底向上将各基本凹区变换完毕后，得到的凸轮廓线与原来的凹轮廓线具有相同的点数。而且非凸轮廓线上的每一点 P_i 都与凸轮廓线上的每一个点 P_i' 一一对应。

图 5-25 是国内某铁矿使用三维激光扫描仪对采空区进行扫描获取的三维点云数据，点云数据量为 331827 个，采用轮廓线三维重建法对点云数据进行建模的结果如图 5-25c 所示。

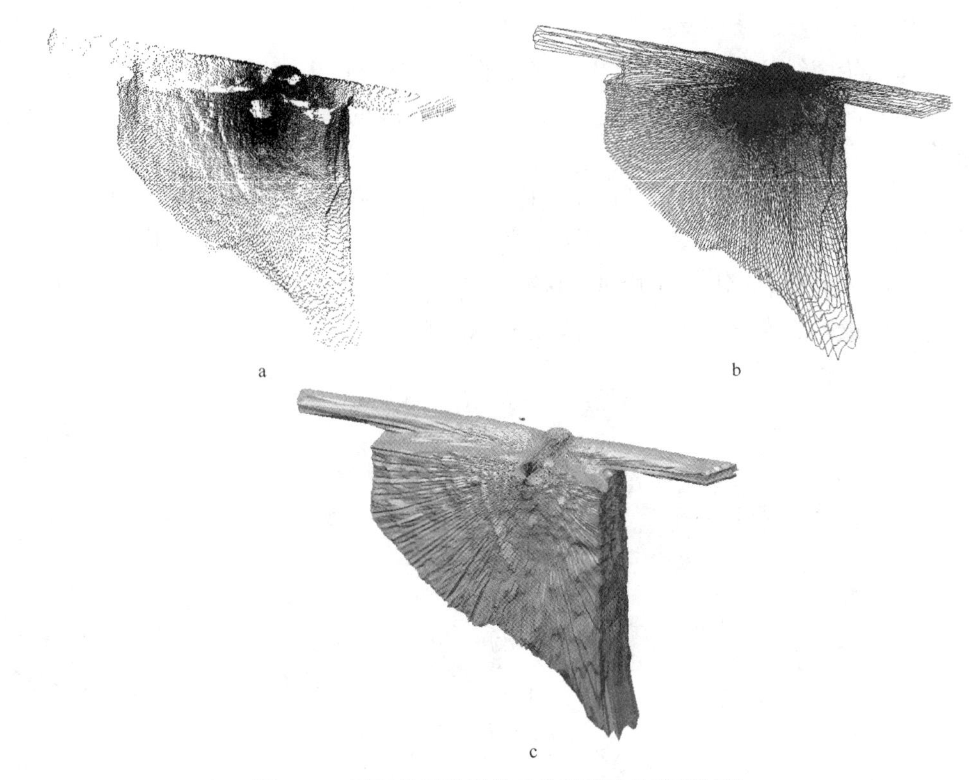

图 5-25　采用基于轮廓线三维重建法的建模结果
a—采空区三维点云数据；b—采空区三维轮廓线数据；c—采空区三维模型

5.2　三维模型孔洞修复方法

由于点云数据的复杂性和相互遮挡、扫描视角的缺失、扫描设备的局限等原因，获取数据往往存在缺失，导致三维重建的模型存在孔洞。这为很多后续操作，如模型修复，模型计算、有限元分析等带来很大困难，因此三维模型的孔洞修补是三维模型前期处理中的重要组成部分。常见的三维模型孔洞修补方法可以归纳为基于体素的修补方法和基于网格的修补方法。

5.2.1　基于体素的修补方法

基于体素（Volumetric Representation）的修补方法的主要思路是将输入模型的网格转化成中间体网格数据，在体素上完成修补之后，利用不同的等值面抽取技术，将其重新还原成网格模型。修补算法多种多样，包括但不限于：

（1）基于构建的有限距离场扩散到数据缺失部分的孔洞修补方法：利用预先定义的一个符号距离函数描述邻近的可见表面，然后用扩散的方法将其扩展到整个体素场，直到包含所有的孔洞，然后重新输出模型。

（2）基于构建自适应八叉树的形态操作完成模型拓扑的孔洞修补方法；根据输入模型建立自适应八叉树，根据八叉树的形态操作完成模型拓扑，最后重构出模型。此方法可以很好地保留模型的尖锐特征。

（3）基于构建重采样距离场的形态学的开闭算法实现孔洞的修补方法；将输入模型转换为一个均匀的自适应采样距离场，然后通过多边形生成简化的输入模型的方法。本方法大大简化了现有体素修补算法，但在该过程中需要进行整个模型的重采样，会导致孔洞特征丢失。

图 5-26 是采用基于体素的修补方法对巷道三维模型进行修复的结果。

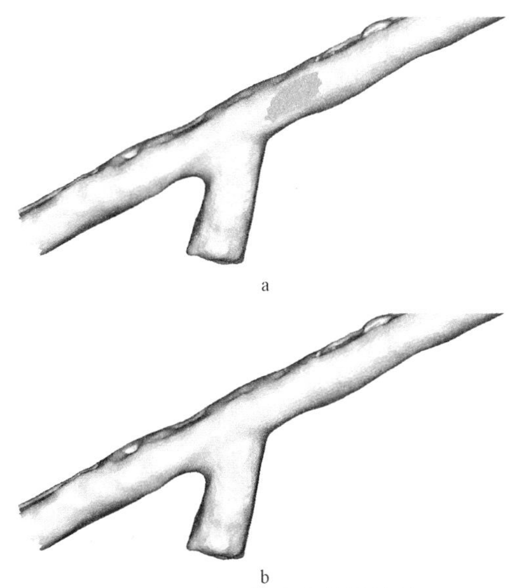

图 5-26 基于体素的修补效果

a—巷道三维模型修补前；b—巷道三维模型修补后

对于形状复杂的孔洞，也有基于人工交互的数据修补算法等等。基于体素的修补算法可以有效处理较为复杂的数据缺失情况，也可以处理存在面片重合以及自相交的情况，保证得到封闭的网格输出，算法鲁棒性高。但由于基于体表达的方法需要借助中间体结构，网格和体素之间的相互转化和 Marching Cube 算法的大量使用，导致输出模型会丢失原始模型的一些结构特征，不能保持与原始模型的一致性。

5.2.2 基于网格的修补方法

与基于体素的孔洞修补方法不同，基于网格的孔洞修补算法直接作用在存在数据缺失的孔洞周围，同时保留其他完好部分不受影响。其主要思路为首先利用三维网格模型上的顶点、边和三角形的特征，进行孔洞识别，然后按照孔洞附近三角网格的特征，构造新增顶点和三角形，覆盖孔洞区域，最后再对新增顶点的位置和新增三角形的形状进行优化。常用的修补算法包括但不限于：

（1）基于动态规划算法的网格孔洞修复方法，该方法根据周边网格的形状插入面片并进行平滑，该方法效率不高，时间复杂度高达 $O(n^3)$ 。

（2）基于区域生长的孔洞修补方法，该方法把孔洞附近的三角网格分割成多个不同较为平坦的区域，分区域构造新增三角形，对不同区域的新增三角形求交以确定尖锐特征线与特征角。本方法可较为完整地回复模型的原始形状。

（3）基于波前法（Advancing Front Method，AFM）对空洞进行拓扑修补之后，结合泊松变形方法，求解泊松方程优化新增网格形状。

（4）基于各向异性的迭代修补方法，以孔洞边界顶点构造三角网格填充孔洞，通过迭代各向异性实现细化和顶点位置优化，使新增三角网格和空洞附近的网格过渡自然。

针对较为复杂的孔洞，可采用“分而治之”的思想，依据孔洞的形状，将原始孔洞通过增加分割线的方式，分割成若干个简单子洞，最后依次修补各个子洞完成原始孔洞的最终修补。也可以另辟蹊径，与直接在三维网格上进行修补不同，将三维孔洞参数化到一维平面，在二维平面上完成孔洞的修补之后再通过极小化某种能量函数回嵌到原始网格中。

图 5-27 是采用基于网格的修补方法对料堆三维模型进行修复的结果。

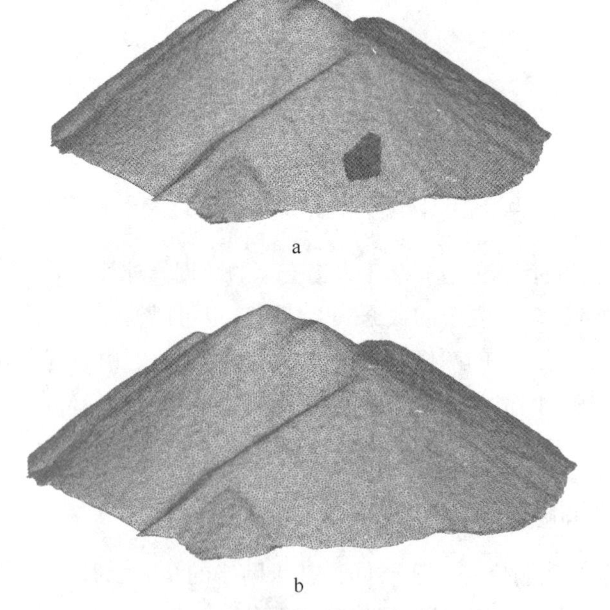

图 5-27　基于网格的修补效果

a—料堆三维模型修补前；b—料堆三维模型修补后

5.3 三维实体模型基本运算

5.3.1 布尔运算

布尔运算得名于19世纪数学家乔治布尔，布尔发明了处理二值之间关系的逻辑数学计算法，包括与、或、非、异或。为纪念布尔在布尔代数和符号逻辑运算方面的突出成就，将逻辑运算也叫做布尔运算，将逻辑运算所得到结果称为布尔值。布尔运算是利用数学知识来解决逻辑问题的一种有效的方法，经常应用在二维图形、三维模型或者其他维度图形中（见图5-28）。

在计算机图形学的领域中，布尔运算是通过布尔算子（交、并、差）将两个二维图形或者三维模型变为一个新的图形或模型。布尔运算主要有三种：交运算是指取两个形体中公共的部分，将非公共部分删除掉的操作（如图5-29a所示）；并运算是指将两个形体合并形成一个新形体的操作（如图5-29b所示）；差运算是指从第一个形体中删除第二形体的部分，剩下的形体组成一个新形体的操作（如图5-29c所示）。

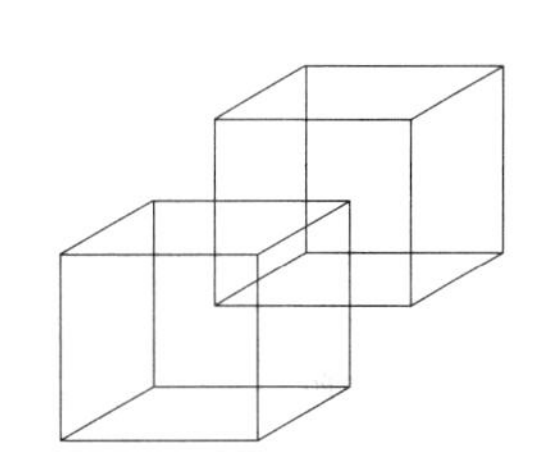

图5-28　形体 A 和形体 B

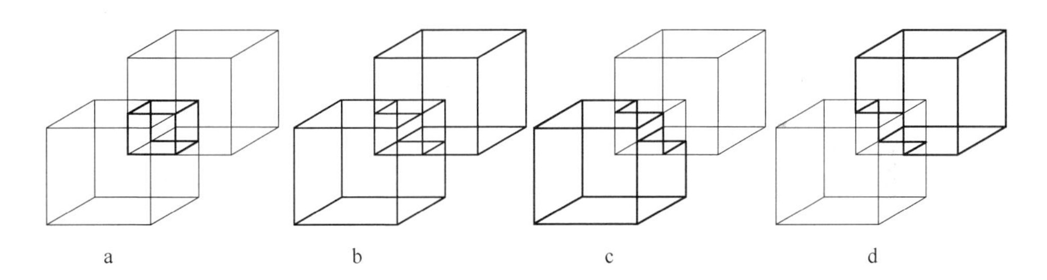

图5-29　三维布尔运算展示

a—$A \cap B$；b—$A \cup B$；c—A-B；d—B-A

根据计算机图形学及计算几何学知识，我们可将这些运算采用如式（5-10）实现：

$$\begin{cases} A \cap B = A \text{ in } B + B \text{ in } A \\ A \cup B = A \text{ out } B + B \text{ out } A \\ A - B = A \text{ out } B + (B \text{ in } A)^{-1} \end{cases} \tag{5-10}$$

式中，A in B 和 A out B 分别表示实体 A 的表面处于实体 B 内部和外部，$(B \text{ in } A)^{-1}$，指 B 的表面在实体 A 内的部分的补集。同理可得到其他的操作符号的含义。

5.3.2 挖填方计算

露天矿山开采过程中土石方开挖通常占整体工程量的很大比例，挖填土石方量计算是一项不可缺少的工作，挖填方量的计算精度会直接影响到工程建设的进度计划和经济效益。为了达到合理安排土石方调配、节省施工费用、优化施工进度的目的，提高矿山开采过程挖填方量的估算精度尤为重要。目前常用的挖填方计算方法有断面法、等高线法及基于数字地面模型的计算方法（DTM 法）等。

5.3.2.1 断面法

将场地按一定的距离间隔划分为若干个相互平行的横断面并测量各个断面的地面线，将设计的标准断面与原地面断面组成的断面图，计算每条断面线所围成的面积；以相邻两断面的填挖面积的平均值乘以间距，得出每相邻两断面间的体积；将各相邻断面的体积加起来，求出总体积，这种计算土方量的方法称为断面法。

断面线的绘制：首先在计算范围内布置断面线，断面一般垂直于等高线，或垂直于大多数主要构筑物的长轴线。断面的多少应根据设计地面和自然地面复杂程序及设计精度要求确定。在地形变化不大的地段，可少取断面。相反，在地形变化复杂，设计计算精度要求较高的地段要多取断面。两断面的间距一般小于100m，通常采用20~50m。如图 5-30 所示为渠道断面。利用断面法进行计算挖填量，两断面之间按一定的长度 L_i，设横断面 A_1、A_2、A_3、…、A_i。V_i 分别为第 i 单元渠段起断面 A_{i-1} 终断面 A_i 的填或挖方面积；L_i 为渠段长；V_i 为填或挖方。

计算土方量的原理：即首先计算每个横断面的面积 A_i，然后量取相应 2 个断面的长度 L_i，再用公式计算出每个区段的体积 V_i，然后再累加，即得到土方量 V。

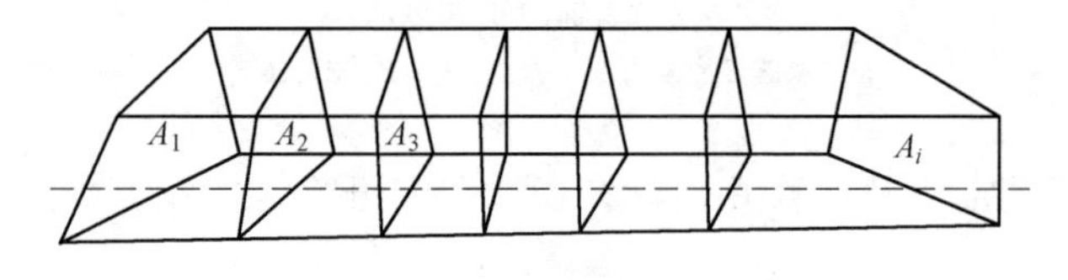

图 5-30 断面法计算挖填方

5.3.2.2 等高线法

等高线法是指用等高线表示地形并进行土方量计算的方法。计算土方量时可以将地形图按等高线划分成几个部分，然后将等高线所夹的体积近似的看作锥体，由 2 条等高线所围面积可求得。2 条等高线之间的高差已知，可求出 2 条等高线之间的土方量，最后计算出填、挖方量，如图 5-31 所示。

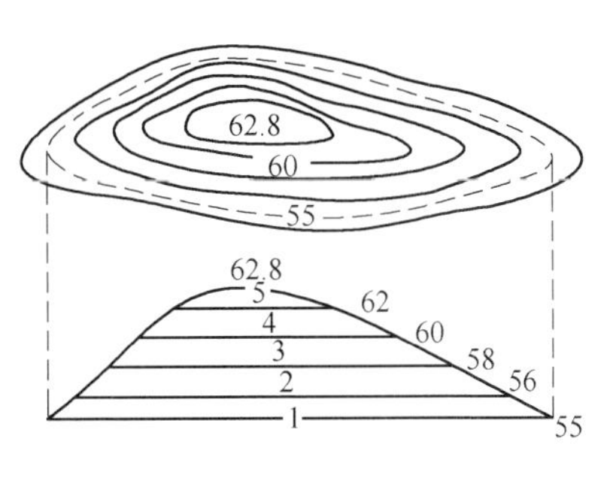

图 5-31 等高线模型

等高线法计算土方量适用于缺少采集数据或经扫描矢量化后得到的数据计算，此法可计算任意 2 条等高线之间的土方量，但所选等高线必须闭合。2 条等高线所围面积，高差已知，可求出 2 条等高线之间的土方量。等高线法必须通过计算机辅助完成计算，一般适用于含有等高线的图纸，用户可以将图扫描矢量化后得到电子图形。其优点是不需要具体高程数据就能完成土方量的计算。由于等高线法计算土方量的精度主要是由矢量化后得到图形的精度决定，一般此方法求得的精度较差，仅做工程概算时使用。而且等高线法在实际工程一般很少会用到，因为其存储数据量大，数据结构复杂难以建立，且等高线计算土石方要求等高线必须是闭合的，但在实际中需要计算的土石方区域中等高线很少是闭合的。

5.3.2.3 DTM 法

DTM 法是计算挖填方的重要方法之一。数字地面模型（DTM），是地形表特征的数字化表现，地表任一特征，如土壤类型、植被、高程等均可作为 DTM 的特征值，该方法是利用计算机仿真技术，利用采集的地形特征点，建立与实地相似的数字化的地面模型，或者说，DTM 就是地形表面形态属性信息的数字化表达，是带有空间位置特征和地形属性特征的数字化描述。一般用于挖填方计算的 DTM 的特征值为高程。以高程为特征值的 DTM 也称为数字高程模型（DEM）。

一般而言，DTM 数据主要由以下几个途径获得：摄影测量、地面测量，根据已有资料提取。若原有资料中的 DTM 库格网间距过大，则并不适合作为挖填方计算资料。因此，在施工测量及现场的挖填方工程量计算中，主要采用野外测量或已有的大比例尺地形图的数字化方式获取数据。

建立 DTM 的方法比较多，但由于地形表面本身的非解析性，试图用某种代数式或曲面拟合的算法来建立整体的地形表面的数学描述一般是比较困难的。因此，一般要对采样数据点进行加密或格网化，以便于计算机进行地表模拟和应用。DTM 一般有 2 种表现形式，即：基于规则格网的 DTM（Grid Based DTM）和基于三角网的 DTM（Triangle Based DTM）。如图 5-32 所示，按平面上等间距规则采样，或内插所建立的数字地面模型，称为栅格的数字地面模型，通常也称为规则格网（Grid）模型。通过规则格网 DTM，可以方便地得到有关区域内任一点的地形情况。

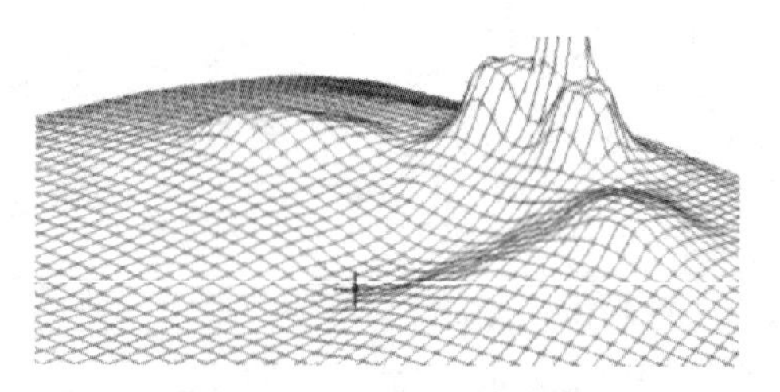

图 5-32　基于格网的 DTM

规则格网具有较小存储量、简单数据结构，便于存储、管理以及分析计算等优点，因此该数字地形模型得到了广泛的应用。它的构建可以直接从离散采样点数据插值得到，也可以通过不规则三角网（TIN）数据内插得到。对于不规则三角形建模是直接利用野外实测的地形特征点（离散点）构造出邻接的三角形，从而组成不规则三角网结构，如图 5-33 所示。

角点编号	施工高度
自然标高	平整高度

A1	A2	A3	A4	A5
A6	A7	A8	A9	A10
A11	A12			
A13	A14			

图 5-33　基于三角网的 DTM

DTM 法是利用地面上离散的高程点通过一定的方法连接成空间三角网结构的地面模型。建立三角网 DTM 的原始数据为实地测定的地面点坐标（X，Y，Z）然后联成三角网计算每一个三棱锥的体积，从而得到指定范围内填方和挖方的土方量。一般的软件中 DTM 土方计算方法共有 3 种：（1）由坐标数据文件计算。（2）依照图上高程点进行计算。（3）依照图上的三角网进行计算。前两种算法包含重新建立三角网的过程，第三种方法则是直接采用图上已建立的三角网。

5.3.3　剖切运算

一般的三维模型都是由三角网格重构而成的，因此，对三维模型的剖切处理实际上可以归结为对重构表面模型的三角网格进行剖切操作。下面介绍几种常见的三维模型剖切方法。

5.3.3.1　活跃点移动切割法

活跃点移动切割三角网算法将切割过程想象为用一把刀切进三角网。随着刀的移动，三角网被切开了一个切口。切割刀总是与一个特定的活跃节点相关联，切割过程就是让切割刀带着活跃节点移动。而活跃节点总是边界上的一个点，所以它和一条边界相关联，这条边界线称为切割线。将这条切割线看作两条重合的线，在切割的过程中，将其稍微扩张就形成了一个切口。

在切割刀进入三角网的瞬间，和切割刀离开三角网的瞬间，它无限靠近三角网的边界，此时产生的切口会包含非常短的边。短边对应小内角，所以要避免它的产生，活跃三角形的重新生成包括以下几步：

（1）删除靠近活跃节点的内部节点；

（2）移动边；

（3）移动切口。

删除靠近活跃节点的内部节点是为了消除三角形碎片。移动边是为了使最小内角最大化，即进行角度优化。移动切口是为了产生新的剖切路径，就是将凹坑固定下来作为切口，让活跃节点由此出发沿剖切路径移动，再生成新的凹坑或固定的切口。

如图 5-34 所示，点 A 是活跃节点，点 P 是靠近活跃节点的内部节点，该节点被删除（如图 5-34a 所示）；点 P 被删除后，以点 P 为端点的边被删除或移动（如图 5-34b 所示）；新的凹坑被固定下来作为切口（认为扩张），活跃节点 A 由此出发继续移动，形成新的剖切路径（如图 5-34c 所示）。整个过程动态进行，直到剖切结束。

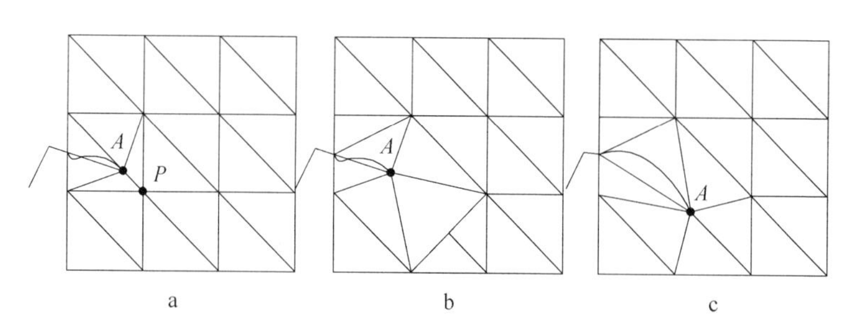

图 5-34 活跃点移动切割三角形

5.3.3.2 约束边插入法

约束边插入算法首先寻找与束边的起始端点所在的三角形，然后从这个三角形出发寻找第一个被该约束边切割的三角形，如图 5-35 所示。其中 T_1 是包含约束边起始端点 a 的第一个被搜索到的三角形。从 T_1 出发，沿图 5-35 的箭头方向寻找到 T_2 为第一个被约束边 ab 切割的三角形。根据这种方式，约束边插入算法如图 5-36 所示。

如图 5-36 中，ab 为待插入的约束边（如图 5-36a 所示）；从被 ab 切割的第一个三角形出发，按三角形的相邻关系寻找并标记所有被 ab 切割的三角形（如图 5-36b 所示）；删除这些三角形并将其顶点按与 ab 的相对位置分到两个集合里，P_u 集合里是那些位于 ab 上侧的顶点，P_1 集合里则是哪些位于 ab 下侧的顶点，两个集合都包含端点 a，b（如图 5-36c 所示）；最后，分别用两个集合的点构建新的三角网，并将新三角网加入到原三角网中（如图 5-36d 所示）。

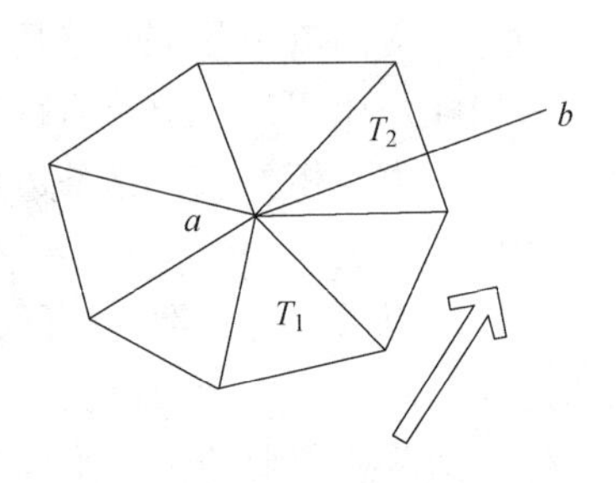

图 5-35　寻找第一个被剖切线 ab 剖切的三角形

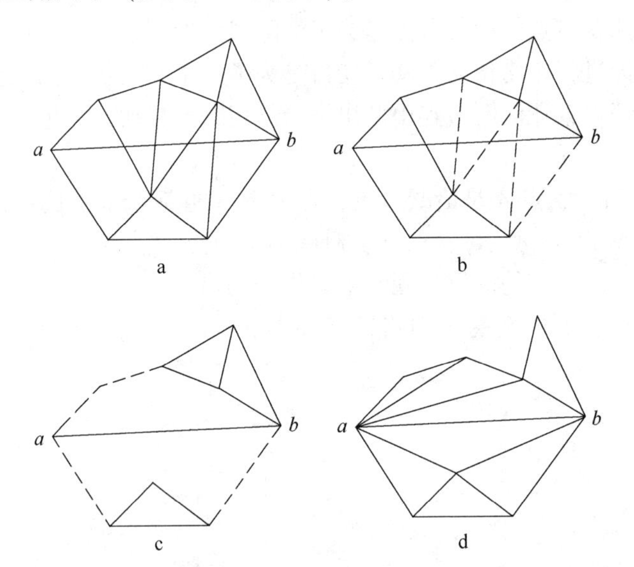

图 5-36　约束边 ab 剖切三角形

5.3.3.3　直接剖切法

使用该方法对表面模型进行剖切，在剖切面上生成边序列及顶点序列；由此边序列和顶点序列生成封闭的边界轮廓，确定各轮廓的包含关系；对封闭轮廓包围的截面区域进行 Delaunay 三角剖分（二维 Delaunay 三角剖分是计算几何中一个重要的研究问题应用非常广泛），得到完整的剖切后的表面模型。

5.4　三维实体模型渲染

三维实体模型渲染是计算机将三维模型自动转换成二维图像的过程。需要考虑到场景中的光照性质、光源位置、遮挡关系及物体的形状、表面纹理、粗糙程度等因素，进而绘制出明暗自然过渡、效果逼真的真实感图形，下面将其中关键的概念进行介绍。

5.4.1 光与颜色

物体表面的光泽通常是由光的波长决定的，而每种波长的光在光谱中占据一定的位置，具有特定的色泽和亮度。根据数字图像处理知识，对于任意波长为 λ 的光，由于 λ 可分解为：

$$C = rR + gG + bB$$

式中，R、G 和 B 为红色光、绿色光和蓝色光的波长，于是在 RGB 为基底的情况下，光波长由三色光基底组合决定。因此，光的颜色值量化可以这样来进行：首先用颜色值（1，0，0）来表示红色 R，用颜色值（0，1，0）表示绿色 G，用（0，0，1）表示蓝色 B，而任意波长的光的颜色值 C 则用(r，g，b) 表示，以表示颜色 $C = rR + gG + bB$ ，即颜色值 C 是用 RGB 三色通过混色而得来的，其中 r、g 和 b 取［0，1］区间的浮点数。

实际上，通过一种光的波长就可以调制出所有波长的光，只要将系统 k 任意放大或缩小，就可得到所有波长的光。之所以使用 RGB 三色来混合调制颜色，从理论上说，颜色 $C = rR + gG + bB$ 同时具有 3 个数量无穷的系数 r、g、b，覆盖的光波范围总比一个系数要广泛得多。

为了实现像素颜色由暗变明的处理，通常还添加一个 alpha 分量来说明颜色的饱和度。此时颜色值将用四元组（r，g，b，a）来表示。其中 a 就是 alpha 分量，也是一个介于区间［0，1］的浮点数。当 r、g 和 b 的颜色值确定以后，通过乘以一个 a 分量得到一个新的颜色值 $ar + ag + ab$ ，这样获得的颜色值并没有改变原有颜色的 RGB 成分比例。

5.4.2 光源设置的选择

颜色是光的视觉感觉，为了支持场景的光照渲染，提供了点光源（Point Light）、聚焦光源（Spot Light）、方向光源（Directional Light）和环境光源 4 种标准类型的光源设置。

其中，点光源是一种向空间各个方向等强度发射光线的光源；聚焦光源的发光区域是一个圆锥体，内锥的光的强度沿着聚焦光的主发射方向，随距离的增加而逐步减弱；外锥的光沿着外径逐渐衰减；方向光源是从无限远处以特定的方向发射平行光线到无穷远处，光的强度不随距离的增加而衰减。环境光源是根据场景中的各种光源的综合照射效果所拟出的一种光源，这种光源的光来自各个方向，不做任何光强的衰减处理，能均匀地照射物体表面的各个部位，图 5-37 是进行光照渲染的流程图。

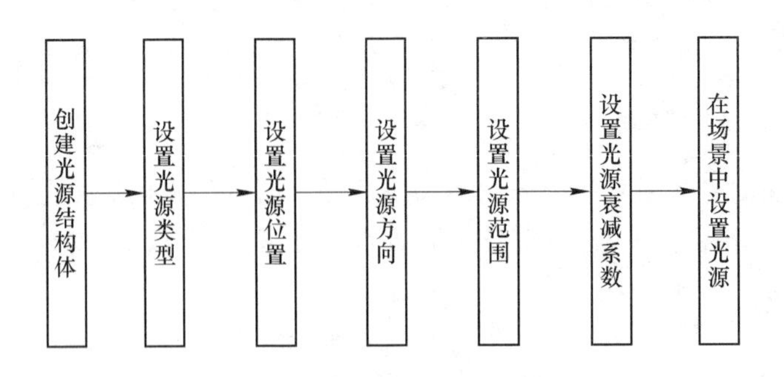

图 5-37 光源设置流程图

5.4.3 顶点法向量

三维场景物体的渲染归结为各个剖分三角形面的渲染。每个三角形面的顶点坐标用来确定三维物体的空间形态，而顶点的颜色值则可根据某种插值方法而计算出物体表面各个像素的颜色值。

在光源的照射下，顶点的颜色值由光的入射方向与顶点法向量的夹角来决定。即把顶点的法向量和光线的方向向量作某种数学运算，就可修正该顶点处由光源贡献的实际颜色值。为此，三维物体的光照处理必须提供顶点的坐标和法向量的坐标值。这样，渲染管道流水线执行到光照流程一步时，就可取出顶点的法向量坐标值来计算顶点的实际光照颜色。

因为一个顶点往往是多个邻接三角形面的公共交点，因此，顶点处的法向量通常是一个平均法向量。顶点附近的表面颜色值呈现均匀变化。反之，顶点法向量直接取某个三角形面的法向量，那么各个面的颜色将会互不相同。如图 5-38 所示，顶点 A 的最终法向量为旁边 3 个邻接三角形面法向量的平均。

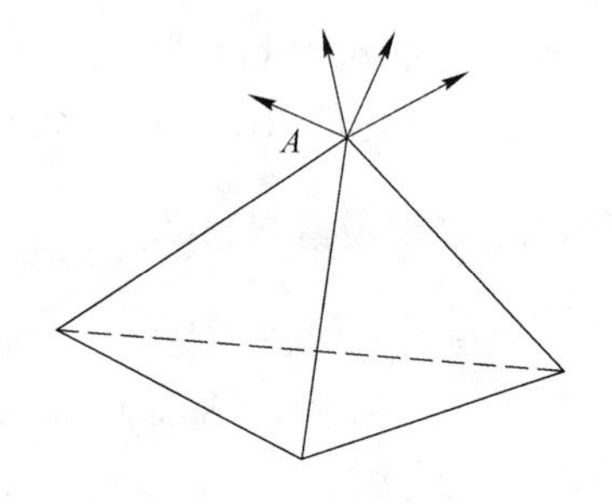

图 5-38 顶点的法向量

5.4.4 材质设置

三维物体受到光照而呈现出的表面颜色，一方面是由照射光源的属性来决定，另一方面则取决于物体对光的反射属性和物体自身的表面颜色，即由物体的材质属性来决定。更通俗地讲，如果物体对某种颜色的光的发射率为 100%，那么该物体的颜色就是光源所发射的颜色，和光照设置一样，图 5-39 材质设置流程图。

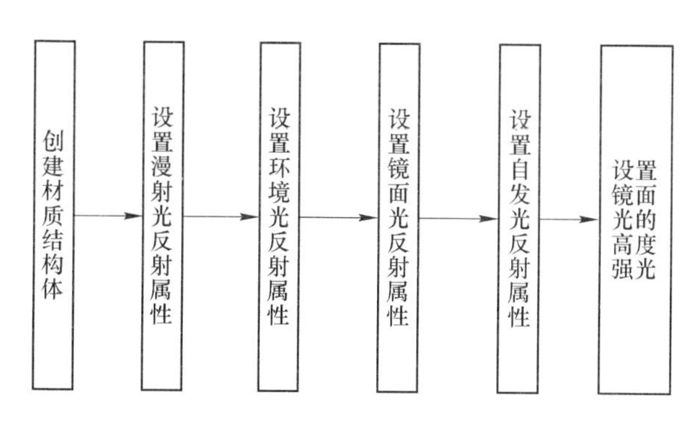

图 5-39 材质设置流程图

5.4.5 纹理映射

纹理映射的实质就是将二维纹理图像映射到三维纹理表面的过程，换句话说就是将纹理坐标和与之相对应的纹理颜色映射在对应的三维模型的表面上，最后获得彩色的物体表面。依据三维纹理空间和二维屏幕窗口空间之间的纹理映射方法，纹理映射划分为正向映射和反向映射：

（1）正向纹理也可以称为纹理顺序算法，指的是由纹理空间到屏幕空间的映射；即先对二维的纹理空间进行参数化，将纹理空间中的点与模型表面的点相匹配，换句话说就是将纹理空间映射到三维物体模型的空间，再利用投影变换到二维的屏幕空间，正向纹理过程示意图如图 5-40 所示。因为正向纹理映射是顺序处理空间的元素，因此可以将纹理图像存储在外存中，以便节省存储空间。但是正向映射的劣势也很明显，正向映射是由纹理空间驱动，在经过模型表面参数化之后，所获得的最终结果不连续。这样就无法保证屏幕空间与纹理空间相互对应，映射在屏幕空间上的图像就会出现重叠和空洞现象，导致图像出现变形或扭曲，因此很少采用正向映射的方法。

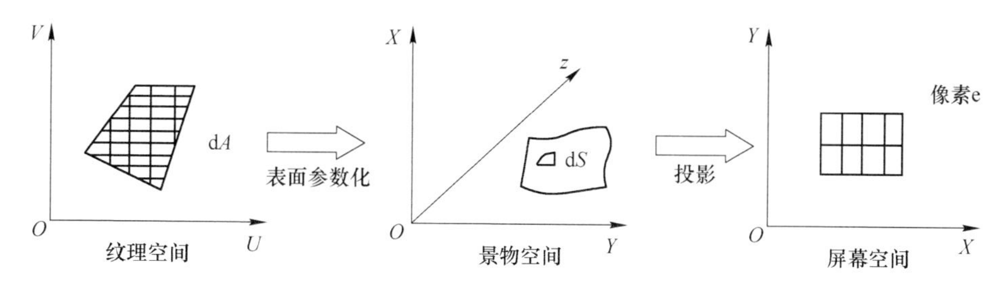

图 5-40 正向纹理过程示意图

（2）反向映射也可以称作屏幕顺序算法，它是由屏幕窗口空间到纹理空间的相对映射，也就是按照顺序映射到屏幕空间的每个单元像素并计算出对应的位置坐标，最后再将求得的色彩结果给像素赋值，反向映射过程示意图如图 5-41 所示。

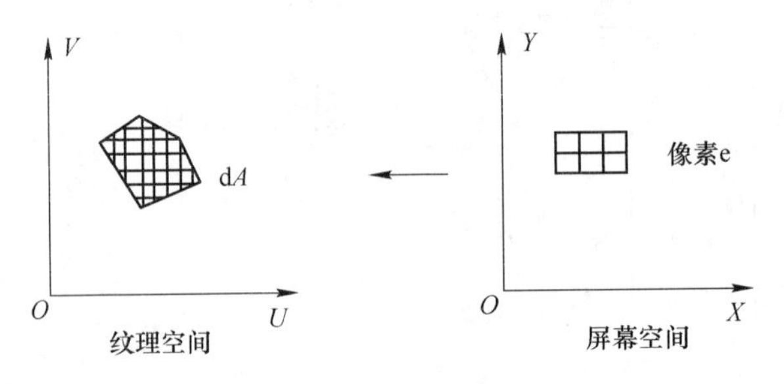

图 5-41　反向映射过程示意图

反向映射方法的优势非常多。最主要的是它能够使图像的不连续问题得到改善，因此广泛应用于三维模型的构建中。在模型构建开始时就为每个顶点进行纹理坐标的赋值，即(u, v) 表示像素的纹理坐标，而 u 和 v 的大小都会在 [0, 1] 范围内。反向纹理映射的算法表达式，如表达式（5-11）和式（5-12）所示。

$$F^{-1}: R^2 \to R^2 \tag{5-11}$$

$$(x, y) \to (u, v) = (h(x, y), g(x, y)) \tag{5-12}$$

式中，F^{-1} 为反向映射函数；(x, y) 为物体坐标；(u, v) 为纹理坐标。由于反向映射可以按照一定的顺序访问每个像素，传统的展示算法便可运用其中，并且也避免了图像不连续的现象。因此在纹理映射中得到了广泛的应用，纹理映射的流程如图 5-42 所示。

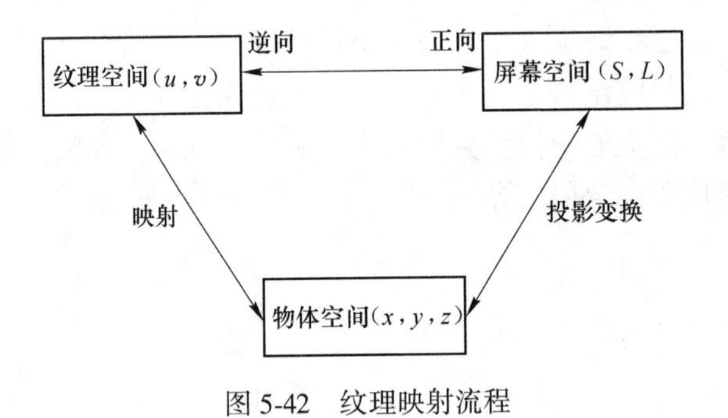

图 5-42　纹理映射流程

5.5　三维模型构建和处理软件

5.5.1　BLSS-PE 系统软件

BLSS-PE 矿用三维激光扫描测量系统是由矿冶科技集团有限公司基于国家

863重点项目的研究成果，专门针对我国矿山应用条件和需求而研制，其凭借小型化扫描主机、无线传输系统、高防护系统、多站拼接技术、数据处理软件以及专业化的附件，可为矿山提供快速、高精度的非接触式三维空间快速测量解决方案。该系统配套点云数据处理软件可对扫描获取的点云进行快速数据预处理、三维建模、成果出图，可为矿山空区三维形态建立、溜井形态获取与治理、爆破效果评价、出矿量评估复核、井巷工程验收、数字矿山建设提供高质量数据。

5.5.1.1 软件使用范围

BLSS-PE系统软件的使用范围包括：

（1）采空区三维模型建立；

（2）矿区三维数字矿山模型建立；

（3）溜井三维模型建立和垮塌分析；

（4）采场超爆欠爆分析；

（5）采场二步骤回采设计；

（6）采场出矿与矿堆量计算；

（7）采场充填量计算。

5.5.1.2 软件主要功能

BLSS-PE系统软件的主要功能包括：

（1）三维扫描控制：包括连接三维激光扫描仪、扫描方式选择、扫描开始和停止控制等；

（2）点云数据处理：包括点云数据查询、删除、抽稀、隐藏等；

（3）数据编辑：包括数据偏移、修剪、打断、镜像、倒角、炸开等；

（4）线绘制：包括多段线、多边形、矩形、样条曲线等绘制；

（5）三维模型建立：包括点云数据构建成三维模型、多轮廓线三维重建等；

（6）三维模型剖切：包括三维任意剖切、按高程剖切、按指定平面剖切、阵列剖切等；

（7）三维模型处理：包括三维模型精简、验证、合并、删除、布尔运算、体积计算等。

5.5.2 Geomagic Wrap 软件

Geomagic是一家世界级的软件及服务公司，在众多工业领域如汽车、航空、医疗设备和消费产品得到广泛应用。公司旗下主要产品为Geomagic Studio、Geomagic Qualify和Geomagic Piano等。其中Geomagic Studio是被广泛应用的逆向工程软件，可以帮助用户从点云数据中创建优化的多边形网格、表面或CAD模型。Geomagic Wrap 软件其实就是 Geomagic Studio 的后续，二者为同一产品的不同版本。

5.5.2.1　软件使用范围

Geomagic Wrap 软件的使用范围包括：

（1）零部件的设计；

（2）文物及艺术品的修复；

（3）人体骨骼及义肢的制造；

（4）特种设备的制造；

（5）体积及面积的计算，特别是不规则物体。

5.5.2.2　软件主要功能

Geomagic Wrap 软件的主要功能包括：

（1）点云数据预处理：包括去噪、采样、点云修复等；

（2）三维实体建模：自动将点云数据转换为多边形；

（3）三维模型处理：主要有删除钉状物、补洞、边界修补、重叠三角形清理等；

（4）三维模型转化：把多边形转换为 NURBS 曲面；

（5）纹理映射：通过外部图片给三维模型进行纹理贴图；

（6）兼容多种数据格式：输出与 CAD/CAM/CAE 匹配的文件格式（IGES，STL，DXF 等）。

5.5.3　3D Max 软件

3D Max 或 3DS Max，是 3D Studio Max 的简称，是 Discreet 公司开发的（后被 Autodesk 公司合并）基于 PC 系统的三维动画渲染和制作软件。其前身是基于 DOS 操作系统的 3D Studio 系列软件。在 Windows NT 出现以前，工业级的 CG 制作被 SGI 图形工作站垄断。3D Studio Max+Windows NT 组合的出现一下子降低了 CG 制作的门槛，首先开始运用在电脑游戏中的动画制作，后更进一步开始参与影视片的特效制作等。

5.5.3.1　软件使用范围

广泛应用于广告、影视、工业设计、建筑设计、三维动画、多媒体制作、游戏、以及工程可视化等领域。

5.5.3.2　软件主要功能

3D Max 软件的主要功能包括：

（1）线的建模，包括把线、圆、弧、多边形、截面、矩形、圆环、星形、螺旋线等转化成三维模型；

（2）布尔运算：求出两个三维模型的交集、并集和差集等；

（3）放样建模：绘制一个物体的横截面，再绘制这个横截面所穿越的路径曲线，建立物体的三维模型；

（4）模型修改：对三维模型施加一个柔和的力，使力作用区域的点位置发生变化，从而使三维模型产生柔和变形；

（5）纹理映射：导入外部图片，对三维模型进行贴图，使三维模型更加真实。

6　矿山三维激光空间感知典型应用

6.1　采空区形态探测

6.1.1　空区探测的目的及意义

我国金属非金属地下矿山采空区总量大，分布范围广。据有关部门统计，截至2015年底，全国金属非金属地下矿山共有采空区12.8亿立方米，分布于我国28个省（市、区）。采空区易引发透水、坍塌、冒顶片帮等多种形式的矿山灾害，往往造成大量的人员伤亡和财产损失。部分矿山企业忽视采空区治理，特别是历史遗留采空区得不到及时处理，一些中小型矿山专业技术力量薄弱，不按设计施工或无设计施工，矿柱预留不规范，造成采空区重叠、交错现象比较普遍，严重威胁了矿山安全。在一些地方，采空区安全问题已经成为影响经济发展和社会和谐的重要因素。针对这一现状，国务院安全生产监督管理委员会于2016年6月23日印发了《金属非金属地下矿山采空区事故隐患治理工作方案》的通知，明确要求至2018年底基本摸清我国金属非金属地下矿山采空区规模和分布状况，建立金属非金属地下矿山采空区基础档案。

目前国内采空区探测主要是以开采情况调查、工程钻探、地球物理勘探为主，辅以变形观测、水文试验等，采用探地雷达法、地震映像法、高密度电阻率法等探测方法，上述方法通常只能获取空区的二维信息，难以准确获取空区的三维空间形态、实际边界和体积大小，且在矿山应用过程中暴露出抗干扰能力较弱，勘探深度有限，探测数据解译过程繁琐，可视化程度低，探测结果不够精确等不足。三维激光扫描技术的应用较大程度上弥补了上述探测方式存在的不足，借助不同类型的三维激光扫描设备可快速获取复杂采空区的三维形态，构建采空区三维实体模型，确定采空区的边界位置，计算采空区的实际体积，按照设计需要截取典型剖面，为实施采场验收、出矿量统计、充填量核验、开展采空区稳定性分析、实施采空区治理以及二步骤采场的回采设计提供基础数据。

6.1.2　采空区分类

空场法回采形成的采空区体积相对较大，空区周围岩体具有一定的稳固性，能够暴露一定的时间，空区的形态、大小相对也较容易进行观测，但空场法中的房柱法矿房内设有矿柱，无法通过一站测量获得完整的采空区数据；留矿法回采形成的空区体积不大，空区的形态和大小也易于观测，但需注意在多数矿山进入采场需要通过人行通风天井，操作难度较高；大直径深孔分段矿房法采空区体积较大，部分矿山采用的分段高度较高，人员进入空区内部安全风险较大。

崩落法回采形成的空区是阶段崩落或分段崩落矿体时，因矿体围岩较为稳固，围岩滞后崩落而形成。这类采空区的形态、大小以及空区体积变化大小难以观测，需要钻凿一定的工程和装备一些仪器才能了解其形态和大小。

充填法回采形成的空区在回采过程中已及时采用废石、尾砂、水砂、胶结充填材料充填，部分矿山会出现因为充填材料接顶质量不好，仍然残留一部分采空区，但该方法残留采空区的数量有限。

6.1.3 三维激光扫描系统选择

（1）架站式三维激光扫描仪。架站式三维激光扫描仪在应用于采空区扫描时主要分为两种形式，一种适用于可进入采空区，如图 6-1a 所示，通过将扫描仪固定在三脚架上实施扫描工作；另一种适用于不可进入的采空区，如图 6-1b 所示，通过延伸杆方式连接扫描仪深入采空区。由于两种方式在开展扫描时均需要将扫描仪的位置进行固定，因此需要采空区内部通视条件较好，对于空场法中的房柱法，由于矿柱预留较多，遮挡较为严重，其适用性相对较差。而对于矿体厚度超过 2m 的浅孔留矿法以及平底出矿分段矿房法形成的采空区，通过三脚架固定的方式较为适用；而对于大直径深孔采空区，由于人员进入有风险，采用延伸杆连接的方式较好。

a

b

图 6-1 架站式三维激光扫描仪

a—三脚架固定；b—延伸杆连接

(2) 钻孔式三维激光扫描仪。钻孔式三维激光扫描仪在一些需要钻凿一定工程才能开展扫描工作的封闭采空区具有独特的适用性，如图 6-2 所示。该类型扫描仪激光探头直径相对较小，通过钻凿较小直径的钻孔即可实现扫描仪的深入，相应的辅助工程钻凿投入较小，在一些采用崩落法回采矿山由于围岩滞后崩落而形成的封闭采空区，以及部分充填法回采矿山因为充填材料接顶质量不好残留的采空区，采用该种测量设备具有较好的适用效果。

a

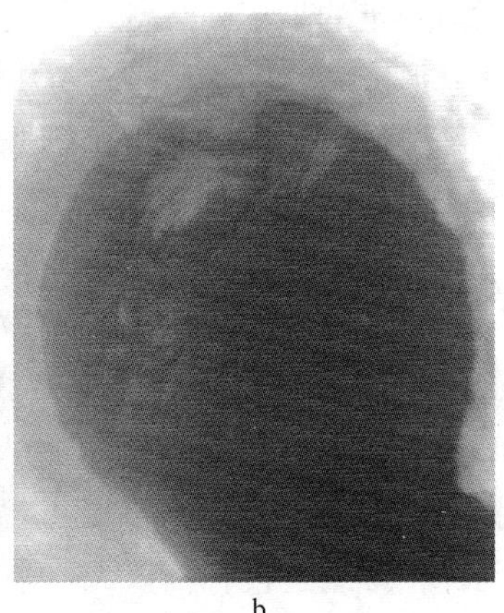
b

图 6-2 钻孔式三维激光扫描仪
a—扫描仪构成；b—扫描仪前端照片

(3) 手持式三维激光扫描仪。手持式三维激光扫描仪轻便易携，目前在建筑、桥梁隧道、矿山等各类工程现场均有应用，如图 6-3 所示。该类设备测量的

a

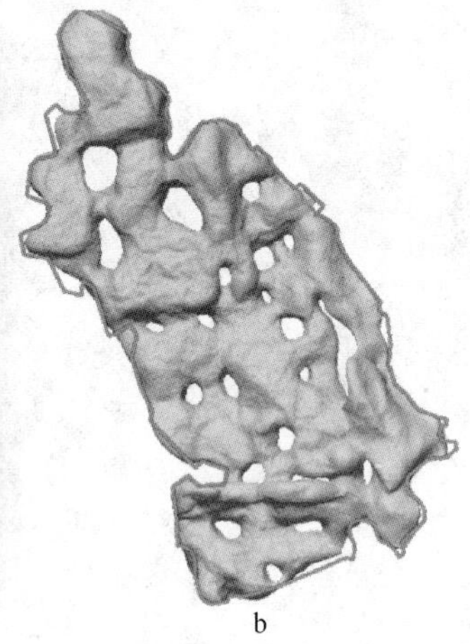
b

图 6-3 手持式三维激光扫描仪
a—移动式扫描；b—扫描模型

技术优势主要体现在移动便携，因而特别适用于一些人员可以进入但又存在严重遮挡的采空区，通过移动测量可大幅提升测量效率。因此对于空场法中的房柱法采空区，浅孔留矿法中的矿房厚度较小的采空区等具有较好的适用性。

（4）自主飞行无人机载三维激光扫描仪。自主飞行无人机载三维激光扫描仪是基于 SLAM 技术开发的一种新型三维激光扫描测量系统，扫描系统搭载于无人机上，根据扫描数据自主建立导航地图并完成系统定位，规划飞行路径，可实现人员不可进入复杂采空区的自主飞行探测扫描，如图 6-4 所示。该类型扫描系统的颠覆性扫描方式，可适用于多种类型采空区的扫描需要，特别是对于一些历史遗留采空区，对于人员进入困难且存在明显遮挡的采空区具有不可替代的使用效果。但由于该类型设备发展尚不够成熟且应用成本较高，因而在矿山使用时存在较大的探测风险，因此并未大规模推广应用。

a

b

图 6-4 无人机载三维激光扫描仪

a—无人机载采空区扫描；b—飞行轨迹与扫描点云复合

6.1.4 空区扫描及数据管理流程

基于三维激光扫描方式构建的采空区三维模型需要完成两方面的工作：一是外业采空区的三维点云数据采集；二是基于三维点云数据的内业采空区实体模型建立。其中，外业采空区的三维点云数据采集直接关系到建模结果的完整性和准确性。综合目前市场上主流的采空区三维激光扫描测量系统，空区扫描流程大致可以归纳为以下几个步骤：

（1）现场踏勘：具体可分为矿山现场实测图分析以及基于二维图纸的采空

区位置及联通情况确认，以便确定最佳的扫描实施方式和测量位置；

（2）控制点引入：具体根据选定的测量位置，将实测控制点引入待测空区附近，根据扫描设备的特征辅助提供矿山真实的控制点坐标；

（3）采空区扫描：具体根据特定采空区类型以及选定的配套扫描系统特征实施现场扫描工作，包括设备的组装调试、过程施测、点云评估、多站补点等工作；

（4）点云处理：具体根据现场测量获得的数据完成坐标的真实化处理，如果是多站测量数据还需进行数据拼接，然后删除杂乱数据点、重复数据点后得到能够完整表征空区边界形态的采空区三维点云；

（5）三维建模：具体根据处理后的采空区三维激光扫描点云数据，实施三角网格封装，并对封装后的三维模型执行自相交、开方边、高度折射边等问题三角网进行优化处理，从而得到完全封闭的采空区三维实体模型。

采空区真实三维模型的建立一方面能够协助矿山生产管理人员更加直观的了解采空区在矿山空间范围内的边界位置，保障矿山生产人员及设备的安全；另一方面可以根据采空区三维模型计算空区体积，确定出矿方量，预估充填方量以及作为控制边界开展二步骤采场回采爆破设计等。

6.1.5　空区探测典型应用案例

6.1.5.1　矿山工程背景

某铁矿设计采用垂直深孔阶段空场嗣后充填采矿法，年设计生产能力为300万吨/年，沿矿体走向方向每18m划分为一个采场，采场南北长72m、厚约45m，回采过程按照“隔一采一”组织实施。该矿山采空区规模大并且不允许人员进入，采空区开采后对于两端边帮的爆破效果无法直接获取，影响后续的二步骤回采及爆破设计，会造成矿房损失贫化指标明显增高。为了改变这一现状，矿山利用矿用三维激光扫描测量系统对生产过程中形成的采空区开展了跟踪探测，一方面便于计算采空区的体积完成出矿量验收及充填量估算，另一方面为二步骤采场回采设计提供边界数据，有效控制矿房的损失贫化。

6.1.5.2　扫描方案制定

该矿山待测45-3号采空区与47-3号采空区位于-508m水平，采区西北部，20号联巷与30号联巷之间，45-3号采空区位于47-3号采空区东侧，根据铁矿矿房布置规则，在采空区形成前，两个矿房之间由二步采矿房46-3号采场隔开，空区自-508m水平垂直延伸至-540m水平，空区高约32m，宽约18m，长约64m，采空区形成前矿房采用中深孔扇形孔爆破回采，根据实测图分析并结合现场调研得知，20南切割巷与45-3号采空区与47-3号采空区连通，具备扫描作业条件，因此选定20南切割巷内紧邻47-3号采空区西侧为1号测点，20南切割巷内紧邻45-3号采空区西侧为2号测点，测点布置如图6-5所示。

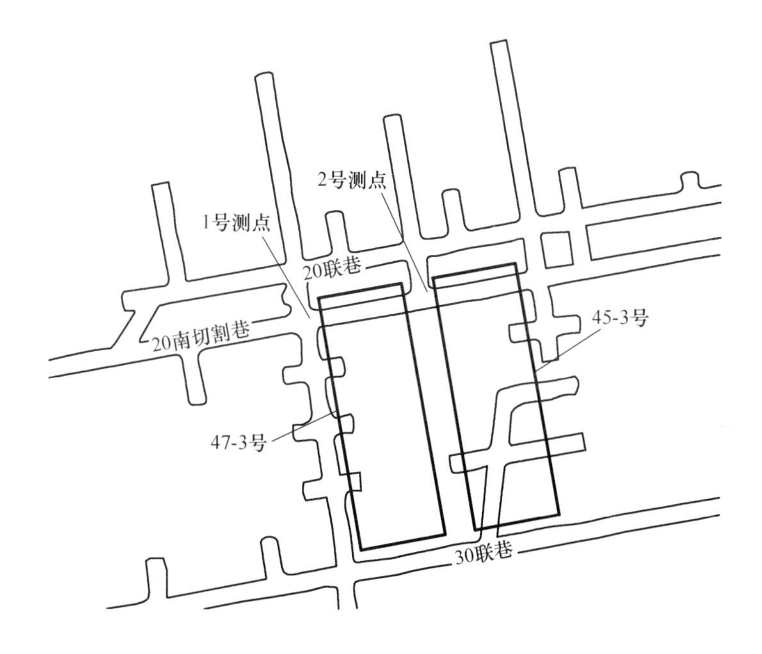

图6-5 采空区扫描测点布置图

6.1.5.3 扫描结果呈现

基于现场扫描工作，利用BLSS-PE矿用三维激光扫描测量系统配套三维数据处理分析软件进行简单处理后，即可得到采空区三维激光扫描点云模型，如图6-6所示。

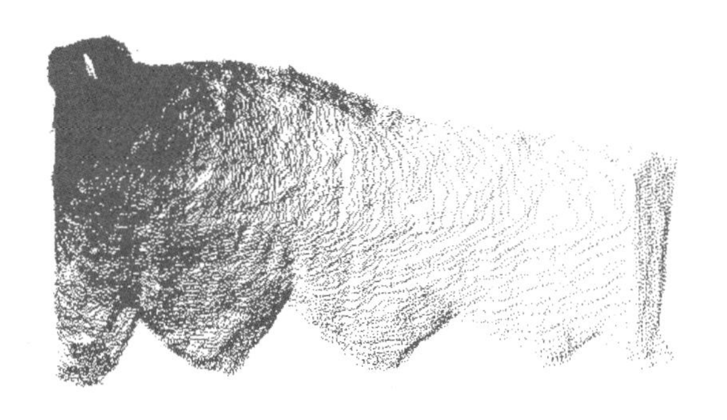

图6-6 扫描点云效果图

6.1.5.4　坐标真实化处理

为了将相对定位的扫描数据转换为矿山实际坐标，需要根据扫描设备的机械结构特征实施扫描数据的坐标位置解算，这里我们不再赘述转换原理，以 BLSS-PE 矿用三维激光扫描测量系统为例，说明数据转换的执行过程，即通过扫描测量设备尾部激光发射点（靶标点）坐标及其延长激光线上任意一点（移动点）的坐标值，实现扫描数据的定位和定向，借助 BLSS-PE 数据处理及分析软件，即可一次性将相对坐标的扫描点云转换为矿山真实坐标，如图 6-7 所示为转换后的点云数据与中段平面图复合效果。

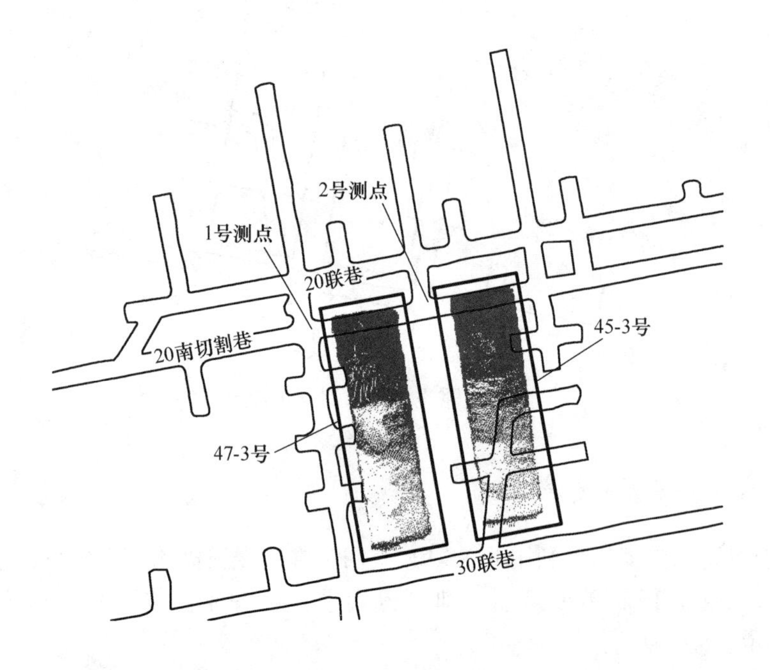

图 6-7　点云坐标转换

6.1.5.5　三维建模

根据三维点云数据构建采空区实体模型，这里通过三角面的形式封闭点云边界从而达到采空区模型实体化的目的，以便更加直观地呈现采空区的三维形态及空间位置关系，为采空区体积计算以及采场爆破效果评价，稳定性分析等提供基础数据，图 6-8 所示为根据采空区三维点云数据及巷道实测图建立的空区及巷道三维模型。

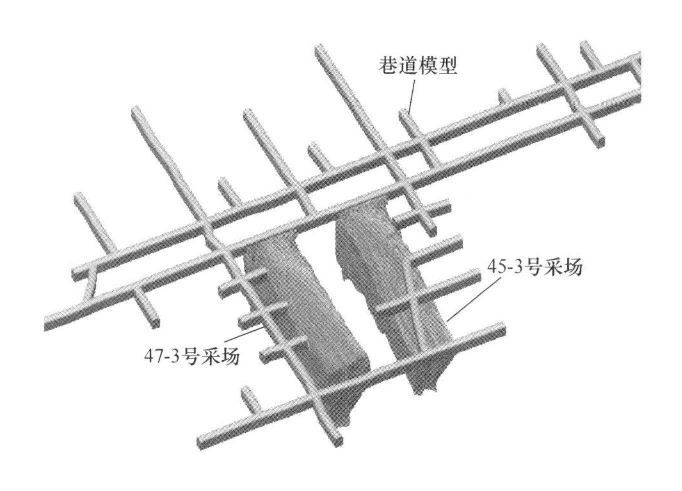

图 6-8 采空区及巷道三维实体模型

6.1.5.6 实测空区体积统计

为了统计出矿量并预估充填材料各组成部分预备量，根据扫描采空区三维实体模型，计算采空区体积如表 6-1 所示。

表 6-1 采空区体积统计表

空区编号	空区体积/m^3
45-3 号	24558.2
47-3 号	28170.2

6.1.5.7 剖面建立

空区剖面是从具体位置对采空区边界的细化描述，其具体形态一方面可以反映采空区边界与相邻工程间的实际位置关系，通过与设计边界进行对比，确定超欠挖尺寸；另一方面也可根据相邻两个采空区的边界情况确定二步骤采场炮孔的设计位置，避免炮孔钻凿至充填体内部，造成矿房的损失和贫化。

如图 6-9 所示增加了 47-3 号采场初始设计炮孔布置图，实际采场的爆破效果如扫描采空区三维实体模型所示，为了更加准确地完成二步骤采场的炮孔设计，可以依次沿炮排布置位置切割剖面。

图 6-10 所示为沿第 20 排炮孔切割的采空区剖面图，根据此剖面图不仅可以分析采空区顶部边界与相邻巷道的准确位置关系，也可根据相邻两采空区的边界确定二步骤矿房设计炮孔的孔底位置。

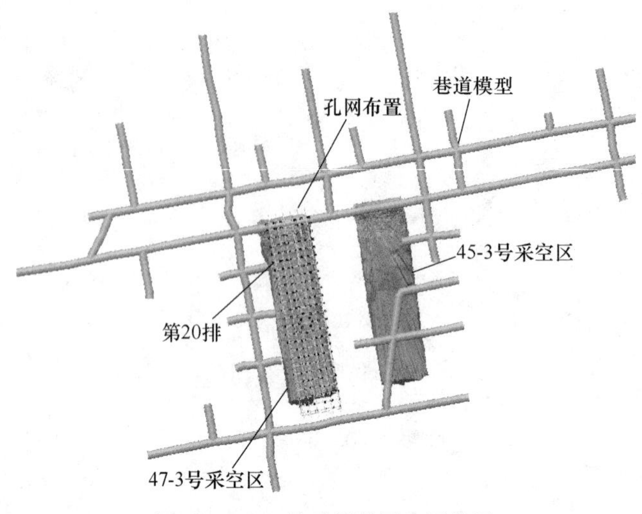

图 6-9　47-3 号采场孔网布置位置

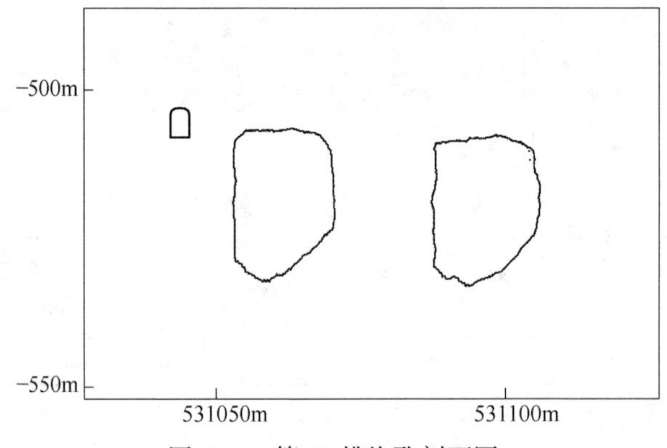

图 6-10　第 20 排炮孔剖面图

6.2　采场爆破优化与残矿回采

6.2.1　穿孔设计及残矿回采的目的和意义

随着矿山凿岩及出矿设备的日趋大型化，中深孔矿房回采的分段高度逐渐加大，尤其对于一些矿体厚大，岩石质量较好的大型铁矿，矿房长度及分段高度普遍超过 100m，矿房尺寸的显著增加在减少开拓工程量、提高矿山生产能力的同时，也对中深孔施工提出了更高要求，很多矿山在施工过程中出现了由于钻孔深度增加造成的钻孔偏斜率升高，出现采场超挖、欠挖的情况，设计炮孔进入到充填体内，进而导致二步骤回采时充填体混入，造成矿石的贫化。

矿山残矿的产生一般有几方面的原因：一是为保护地面建筑而留下的保安矿柱；二是勘探不够翔实，留下赋存状况不明的薄小矿脉；三是预留的顶、底柱及临时性护顶层，正常回采时未进行回收；四是民采盗采损失破坏的矿量，该类残矿分布散乱，赋存情况较为复杂。综合来看，残矿的形成有历史遗留的原因，同时也与矿山安全回采设计要求直接相关，且整体存在存留位置工程结构较为复杂回采设计难度大，受采空区影响相邻工程环境稳定状态不明等特点。

针对上述穿孔设计及残矿回采面临的技术挑战，亟需开展残矿回采相关技术手段的研究工作，进而显著提升残矿回采的效率和安全性，以适应当前一些矿山面临的矿石资源枯竭、生产难以维系的现状。

6.2.2 传统采场爆破优化与残矿回采工艺技术

为了减少因相邻采场超挖或欠挖而造成的二步骤矿房回采损失和贫化以及残矿回采过程中存在的工程条件复杂、回采难度较大等问题，部分矿山采用以下方式来优化采场爆破设计以达到降低矿房损失贫化的目的。

（1）全站仪测点推测空区三维边界。为了辅助采矿技术人员开展二步骤矿房的回采设计，避免由于相邻矿房严重的超挖和欠挖导致损失贫化指标陡增，待第一步骤矿房采空区形成后，矿山测量人员会结合现场通视条件，借助全站仪对采空区的边界进行测量，每隔一定的高度测量一定数量的控制点来代表相应高程的空区边界，该方法成功实施的前提需要采空区具备通视条件，同时需要大量的控制点才能实现采空区边界的有效控制，不仅操作难度较大，而且测量的工作量很大，整体来看，现场应用情况也较差。

（2）钻凿超前钻孔，探明矿房边界。针对矿房超挖问题，二步骤回采时通过“钻”和“探”相结合的方式，确定矿房实际边界，重新圈定矿房。对于一些分段回采的矿房，每个分层每隔一定距离设计中深孔探孔重新圈定矿房边界，且探孔在剖面上要求尽可能在一条直线以便后期圈定边界使用，施工过程中，需要记录每排探孔的真实施工距离，在到达设计边界仍然没有见到充填体时，进行探孔的加深，直至打到充填体，根据钻孔的深度情况，重新圈定矿房的边界，再进行合理的中深孔炮孔设计，尽量避免对充填体造成破坏。该方法需要钻凿较大数量的超前孔，相应增加了矿山生产成本，另外钻孔控制的边界范围无法完全代表采空区的真实边界，因此在实际爆破时仍然存在一定程度的损失贫化。

（3）预留矿壁，形成矿房间隔离层。为了避免二步骤采场回采时相邻矿房充填体的混入，部分矿山也采取预留一定厚度矿体的方式形成矿房间隔离层（矿壁），即在实施第一步矿房回采时根据设计矿房尺寸有意控制边界炮孔深度，从而保证二步骤矿房回采时按照设计炮孔深度进行施工也不至于造成充填体的混入，从而达到优化采场爆破效果的目的，但该方法需要提前预留矿壁，虽然能够较大幅度的减少矿石的贫化，但势必会造成一定程度的矿石损失，特别是矿石品位较高的黄金矿山，不适宜大范围推广应用。

基于全站仪、人工观测上图、经验推断来确定采场爆破边界辅助开展二步骤矿房回采设计，矿石损失贫化率依然较高，残矿回收困难。

6.2.3　三维激光扫描辅助设计技术

三维激光扫描测量技术近年来在采场爆破优化与残矿回采过程中应用广泛，其实质是通过使用三维激光扫描仪快速、高效的获取采空区边界的三维激光点云数据，再结合现场测量获得的控制点，将实测相对坐标的采空区三维点云模型转换为矿山实际坐标，并建立采空区三维实体模型。以矿冶科技集团自主研发的BLSS-PE矿用三维激光扫描测量系统为例，该套系统的工程应用测距精度约为±2cm，通过现场扫描和后期点云数据处理可实现扫描采空区与矿山实际位置的高度复合，满足采矿设计的需要，如图6-11所示为采用BLSS-PE矿用三维激光扫描测量系统获取采空区三维形态的现场作业图。

a

b

图6-11　采空区三维激光扫描

基于现场扫描工作，可快速获取采空区三维激光扫描点云模型以及实测扫描仪控制点坐标，经过内业坐标映射以及点云处理、三维建模等操作可得到与矿山实际位置近乎一致的采空区三维实体模型，图6-12所示为扫描模型与中段地质平面图复合效果图。

为了能够进一步的评估采场爆破实施效果并指导二步骤采场回采工作的实施，实际应用过程中可根据设计炮孔布置情况建立设计采场三维模型，如图6-13a所示为对应采场炮排的设计剖面图，图6-13b所示为对应采场炮排的布置位置。

基于设计炮孔横剖面，可确定实际设计采场边界的控制位置，进一步根据炮

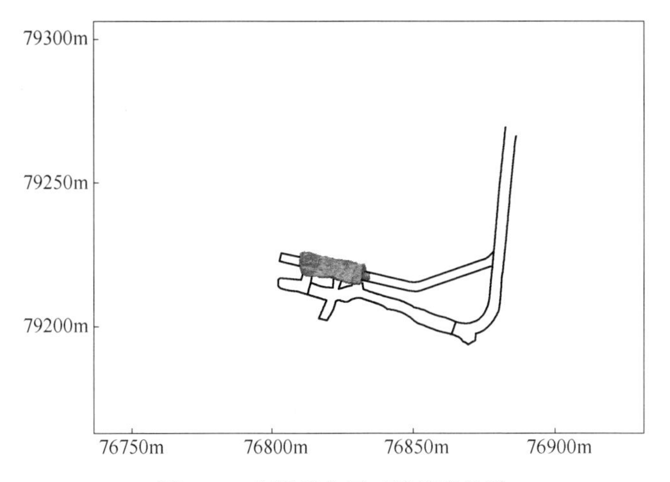

图 6-12 实测采空区三维模型位置

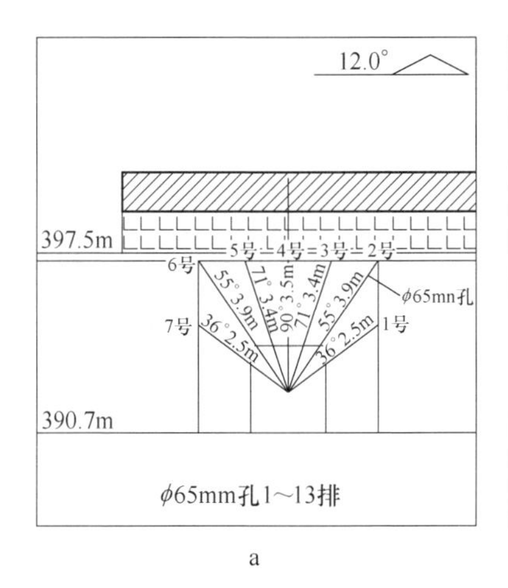

a

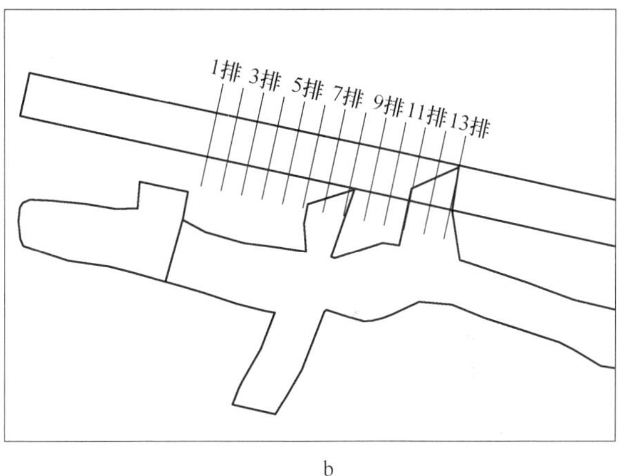

b

图 6-13 设计炮排横剖面及布置平面图

a—炮孔横剖面图；b—炮排布置位置

排布置位置，建立设计采场三维实体模型，将其与扫描采空区三维实体模型进行复合，得到如图 6-14 所示的采空区扫描模型与设计模型复合图。

通过上述一系列的现场扫描、三维建模、模型复合等操作即可完成三维激光扫描辅助设计基础数据的建立，实际应用过程中，假设设计矿房体积为 V_{SJ}，复合模型体积为 V_{FH}，扫描模型体积为 V_{SM}，超挖体积为 V_{CW}，欠挖体积为 V_{QW}，矿石容重为ρ，矿石损失率为p，矿石贫化率为r，则根据模型间的位置关系可以得到以下数量关系：

$$V_{CW} = V_{FH} - V_{SJ}$$

$$V_{QW} = V_{SJ} - (V_{SM} - V_{CW});$$
$$p = V_{QW} \cdot \rho / (V_{SJ} \cdot \rho) \times 100\%$$
$$r = [V_{CW} \cdot \rho / (V_{SJ} \cdot \rho) + V_{CW} \cdot \rho] \times 100\%$$

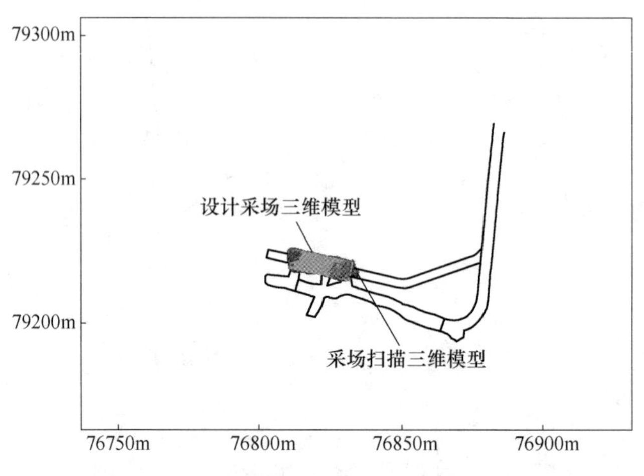

图 6-14　采空区扫描模型与设计模型复合图

对于一些存在二步骤回采的矿山，也可根据间隔采场的爆破边界扫描数据来设计二步骤采场的炮孔以达到控制爆破的效果，降低矿房损失贫化的目的，具体应用方式将在下文的应用案例中详细描述，这里不再赘述。

上述内容从整体上对采用三维激光扫描方式开展采场爆破优化与残矿回采工作进行了描述，相比传统技术手段其现场实施工作量小、数据结果呈现直观完备、成本更低，能够在保证安全作业的同时显著降低矿石回采过程的损失和贫化，可操作性强。

6.2.4　三维激光扫描辅助设计典型案例

6.2.4.1　矿山工程背景

某铁矿设计采用垂直深孔阶段空场嗣后充填采矿法，年设计生产能力为 300 万吨/年，沿矿体走向方向每 18m 划分为一个采场，采场南北长 72m、厚约 45m，回采过程按照“隔一采一”组织实施，其中 51-4 号和 53-4 号采场位于 -540m水平和-508m 水平之间，中间为二步骤回采矿房 52-4 号矿房，由于该区域岩体质量变化较大，前期爆破施工完毕出矿过程中有大块产出，且据出矿统计，矿房同期出矿量相较之前矿房有所增加，因此怀疑该采场可能存在超挖问题，为了避免一步骤矿房超挖对相邻二步骤矿房回采产生影响，矿山利用 BLSS-PE 矿用三维激光扫描测量系统分别对两个矿房进行了扫描探测，一方面计算一步骤采场的贫化和损失指标，另一方面以一步骤矿房回采形成的采空区边界来指导二步骤矿房的回采炮孔设计。

6.2.4.2 扫描实施方案

该矿山待测 51-4 号采空区与 53-4 号采空区位于-508m 水平和-540m 水平之间，采区西南部，30 号联巷与 40 号联巷之间，53-4 号采空区位于 51-4 号采空区西侧，根据该铁矿矿房布置方式，在采空区形成前，两个矿房之间由二步采矿房 52-4 号采场隔开，空区自-508m 水平垂直延伸至-540m 水平，空区高约 32m，宽约 18m，长约 64m，采空区形成前矿房采用中深孔扇形孔爆破回采，根据实测图分析并结合现场调研得知，穿过 30 南切割巷可分别到达 52-4 号充填巷以及 54-4 号充填巷，两个充填巷分别与 51-4 号采空区与 53-4 号采空区连通，具备扫描作业条件，因此选定 52-4 号充填巷以及 54-4 号充填巷分别设置测点，其中 52-4 号充填巷设为测点 1，54-4 号充填巷为测点 2，测点布置如图 6-15 所示。

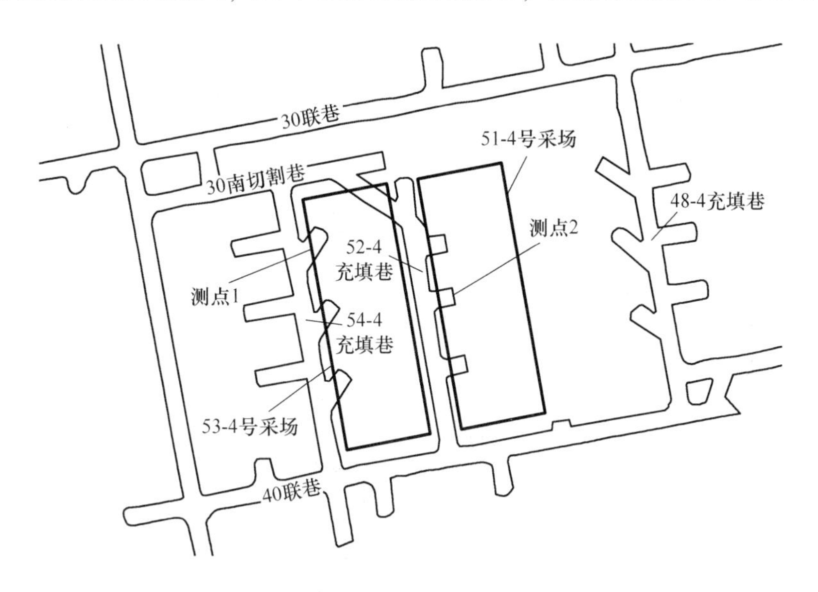

图 6-15　采空区扫描测点布置图

6.2.4.3 现场扫描及坐标定位

按照采空区探测作业流程，现场分别在测点 1 和测点 2 采用延长杆结构固定扫描主机并深入采空区内部开展测量工作，如图 6-16a 所示；在扫描采空区的同时通过全站仪测量扫描主机尾部的定位激光点三维坐标，如图 6-16b 所示。

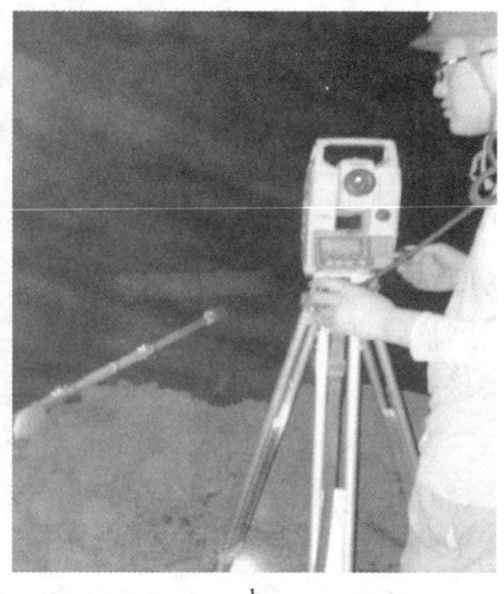

a　　b

图 6-16　现场扫描实施图
a—采空区扫描；b—控制点测量

基于现场扫描结果，参照采空区形态探测过程中的坐标映射方式，将扫描点云进行坐标的真实化处理，如图 6-17 所示。

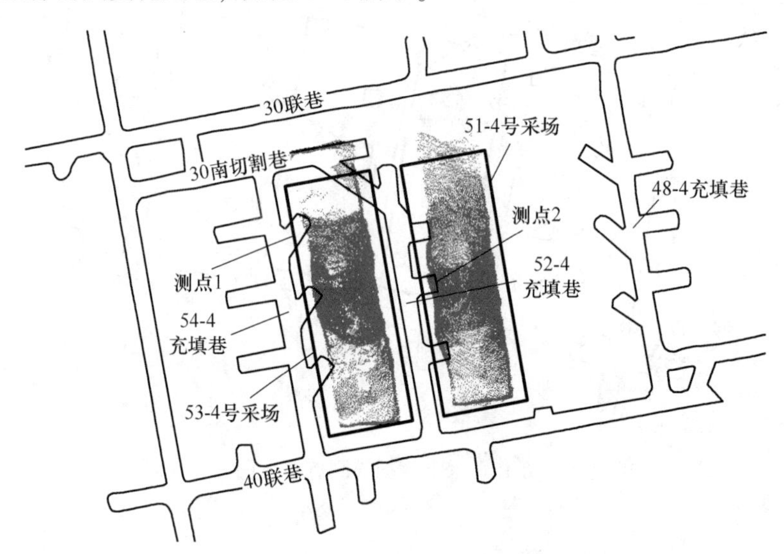

图 6-17　采空区扫描点云空间坐标定位

6.2.4.4　空区及相邻工程三维建模

根据三维点云数据构建采空区实体模型，这里通过三角面的形式封闭点云边界，从而达到采空区模型实体化的目的，以便更加直观的呈现采空区的三维形态及空间位置关系，为采空区贫损指标计算以及二步骤采场回采爆破设计提供基础数据，图 6-18 所示为根据采空区三维点云数据及巷道实测图建立的空区及巷道三维模型。

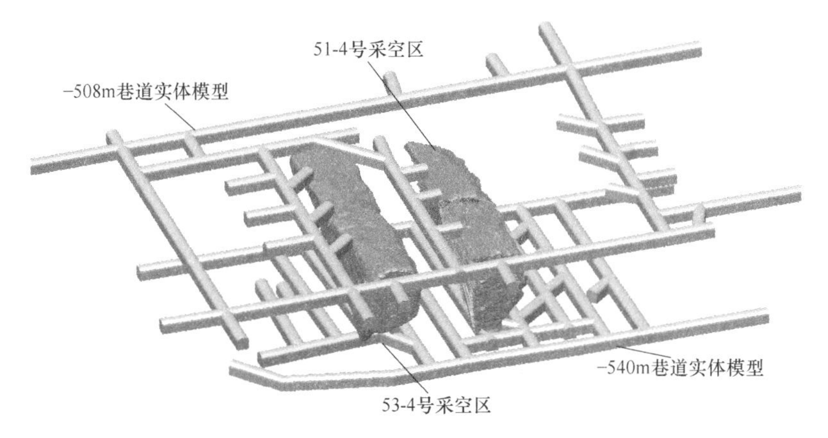

图 6-18 采空区及巷道三维实体模型

6.2.4.5 采场贫化损失指标统计分析

矿山生产中，损失率和贫化率是衡量矿山生产效果的重要经济技术指标。精确测定和控制生产过程中的损失率以及贫化率对于提高矿山经济效益有着重要意义。传统测量中，由于无法获得采场爆破后的真实形态，因而很难准确评价矿房的开采贫化及损失指标，依托上述三维激光扫描获得的采空区及巷道三维模型，可以实现爆破后空区三维实体模型与采场设计模型的精确复合，通过计算采场爆破后的超挖量、欠挖量以及存留矿量，从而较为准确地计算出采场的贫化率和损失率，这里以 53-4 号采场为例，将扫描获得的采空区三维实体模型与设计采场实体模型进行复合，得到如图 6-19 所示的采空区扫描模型与设计模型复合图。

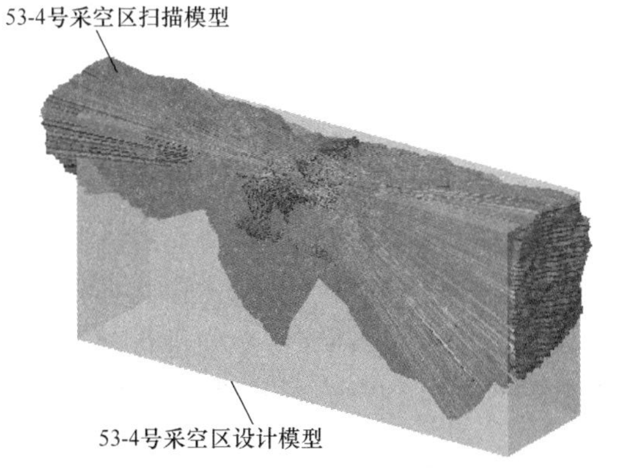

图 6-19 采空区扫描模型与设计模型复合图

进一步，以上述复合模型为基础，借助 BLSS-PE 矿用三维激光扫描测量系统配套软件计算超欠挖部分的体积。首先，通过布尔运算得到超挖及欠挖部分的实体模型如图 6-20 所示。

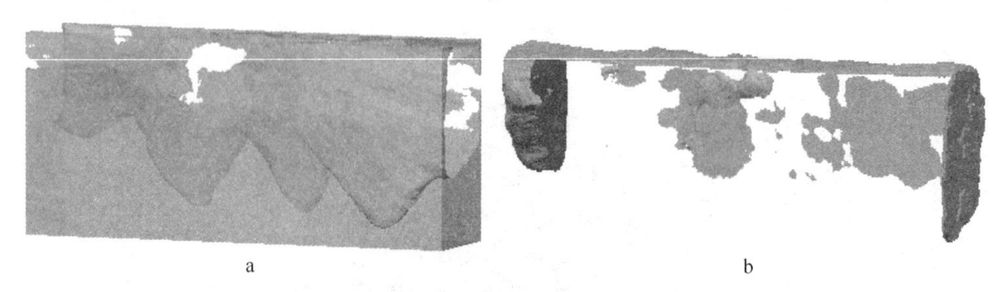

a　　　　b

图 6-20　超欠挖部分实体模型

a—欠挖部分；b—超挖部分

基于上述超欠挖部分实体模型，计算超挖部分体积为 $V_{CW}=2525.87\text{m}^3$；欠挖部分体积为 $V_{QW}=21705.5\text{m}^3$；结合采场设计模型总体积 $V_{SJ}=44147.253\text{m}^3$，可计算矿房的损失贫化率如下。

矿房矿石损失率：

$$p=[V_{QW}\cdot\rho/(V_{SJ}\cdot\rho)]\times100\%=21705.5/44147.253\times100\%=49.17\%$$

矿房采场贫化率：

$$\begin{aligned}r&=[V_{CW}\cdot\rho/(V_{SJ}\cdot\rho)]+V_{CW}\cdot\rho]\times100\%\\&=2525.87/2525.87+44147.253\times100\%=5.41\%\end{aligned}$$

由于矿房底部仍有大量矿石残余未出，导致矿房矿石的损失率相较理论值要大很多，但从上述过程中，我们不难发现采用三维激光扫描测量的手段能够有效地对矿房的损失贫化给出精确评价，这为后续采场结构参数的优化，降低矿房矿石的损失贫化率奠定了基础。

6.2.4.6　二步骤矿房（残矿）回采爆破设计

二步骤矿房的回采通常从一步骤形成采空区充填结束达到预定强度后开始，然而由于一步骤矿房在回采过程中受到矿岩质量以及中深孔施工偏差的影响，较难保证回采完毕后形成的采空区边界恰好满足设计要求，如果二步骤回采仍然按照设计采场边界设计炮孔，明显的超欠挖存在势必造成二步骤矿房采场矿石的损失和贫化。而利用三维激光扫描仪可在一步骤矿房回采完成后对形成的采空区进行扫描，构建采空区的真三维边界，进而按照炮排布置情况截取典型剖面开展炮孔设计，以达到有效降低矿房矿石损失贫化的目的。二步骤矿房回采爆破设计典型剖面，如图 6-21 所示。

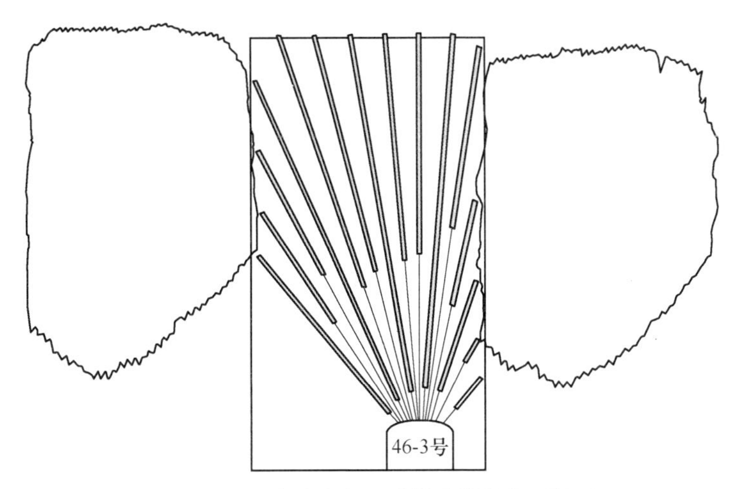

图 6-21 二步骤矿房回采爆破设计典型剖面

6.3 溜井扫描与治理

6.3.1 溜井工程特点及运维挑战

矿山溜井作为矿山生产的主要工程，承担着采矿过程中溜放矿石和暂时存储矿石的重任。目前很多矿山的溜井在建设过程中，受到岩层条件以及施工质量的影响，成井效果与设计标准存在较大偏差，尤以井筒不规则以及井筒直径小于设计尺寸最为突出，一旦投入使用极易发生堵井问题；即使溜井建成后能够顺利投入使用，长期的溜放矿石也势必会对井壁造成较大程度的冲击和磨损，受到软弱结构影响受冲击较为严重的区域也极易发生垮塌，一方面影响矿山生产，另一方面也会危及周边工程的安全，影响生产工作正常开展的同时对后期处理工作也提出了较高要求。因此有必要在溜井投入使用前就根据设计标准对成井效果进行准确评价，然后针对不满足设计标准或存在软弱结构的区域提前进行处理，从而保证后期溜井的稳定运转，但由于一般溜井长度都在50m以上，有的甚至达到上百米，受制于作业环境以及安全因素，溜井测量操作难度较大，生产过程中的管理维护成本也相对较高。针对上述溜井工程存在的两方面问题，如何在确保安全的前提下准确、高效地完成溜井测量工作对保障矿山正常的生产运行至关重要。

6.3.2 传统溜井测量管理技术

为了加强矿山对溜井工程的维护和管理，便于准确评价溜井施工效果并确保能够及时发现溜井使用过程中出现“大肚子”现象，国内外的专家学者及工程技术人员尝试了包括人工检测、视频图像、工程钻探、物理勘探等多种方法实施溜井测量工作，在掌握溜井内部情况的同时，在一定程度上也保证了溜井工程的安全稳定，但同时也暴露出了很多问题。

6.3.2.1 人工检测

溜井人工检测技术是最早应用于矿山溜井测量的一种溜井测量技术，矿山采用手摇绞车或者电动绞车悬吊钢制吊罐进入溜井内部进行实际观测，每隔几米测量一个断面的尺寸，直至完成整条溜井的测量工作，然后单独分析每一个剖面或将所有剖面按照高程方向进行叠加，从而得到完整溜井的空间形态。由于采用单绳下放吊罐会发生自转，为了保证任意剖面在测量时方位准确，每次测量工作要求记录测量方位，实施过程十分繁琐，另外由于该种测量方式需要测量人员深入井筒内部，极易发生井壁浮石坠落而造成人员伤亡，鉴于当前日益严峻的矿山安全形势，该种测量方式已很难再适用，图 6-22 为吊罐现场作业图。

图 6-22 吊罐现场作业图

6.3.2.2 视频图像检测

针对人工检测溜井方法无法清晰观察矿山溜井井壁情况，且存在安全隐患的问题，一些从事矿山工程应用研究的技术人员提出采用视频影像的方式观察，并记录溜井内部变化情况，图 6-23 所示为一套视频检测装置示意图。通过数据采集系统、提升系统、井深定位以及视频监控等几个部分实现溜井井壁图像数据的采集和显示，结合实测的溜井深度信息，实现对高深度、大直径、无光源溜井的全景图像呈现，该方式可以得到真实、完整的井壁图像数据，但图像数据具有不可量测和编辑的特点，因此，虽然能够确定溜井内部存在问题的区域，但很难量化区域大小，更无法针对观测数据开展修复设计，因此并不能完全满足溜井检测及治理的要求。

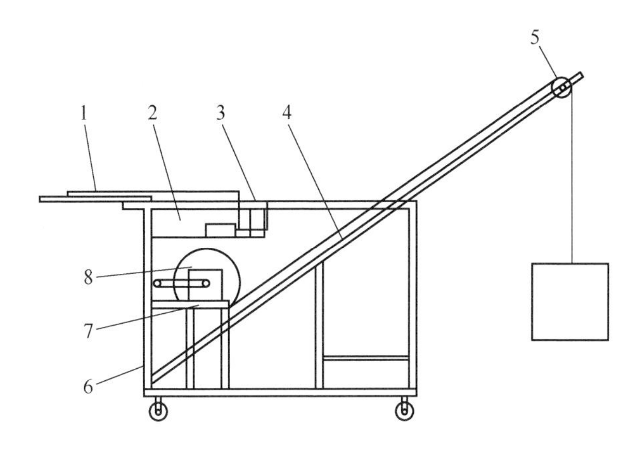

图 6-23　视频图像检测

1—监控器；2—电气箱；3—照明灯；4—伸缩架；5—滑轮组；6—扫描探头；
7—行走小车；8—转筒支架

6.3.2.3　地球物理勘测

地球物理勘测技术的基本原理是利用地球物理场或某些物理现象，如地磁场、地电场、放射性场等在一定区域范围内的变化规律来探测地下构造、岩溶、洞穴、埋设物、采空区、渗漏带等。应用在溜井检测中时，可通过观察溜井口附近岩体内相应表征信号的变化推断溜井内部发生垮塌的具体位置及延伸趋势，该类技术成本低、工作效率高，测量数据量比较大，但整体存在抗干扰能力弱，勘探的深度有限，探测结果存在一定误差，且直观显示效果较差等不足，图 6-24 所示为采用瞬变电磁探测方法探测地下硐室的现场工作图。

图 6-24　瞬变电磁探测现场工作图

6.3.3　溜井三维激光扫描垮塌检测技术

三维激光扫描测量技术历时多年的发展已日渐成熟，而其在矿山工程中的应用也越发广泛。溜井工程作为矿山生产过程中转运矿石的重要工程，其建设质量以及生产运行过程中的有效维护管理一直以来对保证矿山的正常生产运转都至关重要，传统方式依靠施工过程报告辅助完成溜井建设的竣工验收，存在实际成井效果与设计井筒存在较大偏差的问题，将三维激光扫描技术应用于溜井工程测量中可在溜井建设完成初期对溜井井筒实施扫描，并建立扫描溜井的三维实体模型，通过与设计溜井三维模型进行对比，即可确定溜井的施工效果，对于局部出现的施工尺寸不到位等现象也可提前掌握并在竣工验收前完成处理，避免后期使用过程中出现堵井问题。另外，采用三维激光扫描技术实施溜井井壁检测，可确保溜井使用过程中的安全稳定，避免大面积垮塌的发生，即可保证矿山生产的安全，同时也能为矿山节省生产成本。以矿冶科技集团有限公司自主研发的 BLSS-PE 矿用三维激光扫描测量系统为例，借助专门设计的溜井测量辅助下放装置可实现不同深度溜井的扫描测量工作，图 6-25a 所示为溜井测量辅助下放装置的动力结构，图 6-25b 为溜井测量辅助下放装置的扫描仪固定结构。

a

b

图 6-25　溜井扫描辅助下放装置
a—动力结构；b—扫描仪固定结构

针对溜井工程的结构特点，该套装置着重解决了两方面的技术难题：一是采用定向天线解决了随测量深度增加扫描控制以及数据传输中断的问题；二是通过双辅助钢丝绳悬吊结构克服了扫描过程中设备自转导致测量结果不准确的技术难题，从而保证了大直径高深溜井的扫描测量需要。

基于现场扫描工作，可快速获取不同深度的溜井井筒三维激光扫描点云模型，通过方位和深度信息可实现不同深度位置扫描点云的精确复合，经过内业调整相对深度位置、点云处理、三维建模以及坐标的真实化处理等操作可得到与矿山实际溜井位置及三维形态完全一致的三维实体模型。

为了进一步的评估溜井成井质量，以便在溜井投入使用前及时对井壁进行处理，从而避免由于溜井井筒尺寸未达到设计要求而造成的矿石堵井，实际应用过程中根据设计溜井井筒直径及井口位置建立设计溜井三维模型。

基于扫描溜井三维实体模型和设计溜井三维实体模型，将定位后的两个模型进行复合，可得到设计溜井和扫描溜井的三维复合模型。

基于上述一系列的现场扫描、三维建模、模型复合等操作即可完成溜井三维激光扫描辅助设计基础数据的建立，为了确定溜井内部的真实情况，便于矿山管理人员进行决策，可以根据需要任意切割剖面。

通过各个高程位置的横剖面图可确定溜井在特定高程位置出现的扫描断面与设计断面不吻合的情况，主要表现为超挖，结合现场井筒的工程特点，可以判断在该方位井筒出现了垮塌，按照安全生产的要求，应及时设计方案进行处理，从而避免垮塌区域的进一步扩大。

实际针对垮塌溜井的治理工作实施前，需要核算工程成本，为了确定用料量，需要进一步明确垮塌体的体积，这里假设设计溜井的体积为 V_{SJ}，复合模型体积为 V_{FH}，扫描溜井体积为 V_{SM}，超挖体积为 V_{CW}，欠挖体积为 V_{QW}，则根据模型间的位置关系可以得到以下数量关系：

$$V_{CW} = V_{FH} - V_{SJ}$$

$$V_{QW} = V_{SJ} - (V_{SM} - V_{CW})$$

上述从整体上对采用三维激光扫描方式开展溜井扫描与治理工作进行了描述，相比传统技术手段其现场实施工作量小、数据结果呈现直观完备、成本更低，能够在保证安全作业的同时显著提高溜井检测的效率，既可保证溜井成井的质量，避免溜井建成投入的初期发生堵井问题，也能保证溜井生产运行的稳定，确保矿山生产工作的有序开展。

6.3.4　溜井扫描辅助管理典型案例

6.3.4.1　矿山工程背景

某铜矿采用自然崩落法单中段回采，平均崩落矿石高度为 200m，矿石经由采区溜井下放至相邻运输水平。采区溜井布置在出矿穿脉内，根据采场宽度不同每条出矿穿脉中布置 1～3 条溜井，其中溜井顶、底板高程分别为 3725.0m 和 3670.0m，溜井垂直高度约 55.0m。采区溜井颈段和加强段采用钢筋混凝土支护设计，正常段不支护。每个采区溜井口设四方格格筛，筛孔尺寸为 1.2m×1.2m。该铜矿山绝大部分采区溜井在投入使用初期存在不满足设计要求的普遍问题，后经矿山生产部门确认，溜井施工单位对未能满足设计要求的溜井进行了二次扩刷，后交付矿山并使用至今，不时发生堵井及大块放出，怀疑溜井存在局部狭窄以及垮塌问题，因此，为了保障矿山生产的安全稳定，亟需检查溜井内部的真实情况以便采取对应措施。

6.3.4.2　扫描测量实施方案

结合溜井特殊的工程特点，这里以矿冶科技集团有限公司 BLSS-PE 矿用三维激光扫描测量系统为核心测量装备，设计专门针对溜井工程的测量方案如下。

（1）架设安全平台。首先于溜井井口上方架设安全平台，原则上要求平台可承受载荷大于 2000kg，可同时容纳 2~3 人开展设备组装及拆卸工作。

（2）预留供电接口。吊框及配重均由钢丝绳牵引，并由电动机带动，现场电机均采用的是 220V 标准电压，因此溜井井口需要提前预留 220V 供电接口，确保测量工作正常开展。

（3）组装设备。将扫描仪安装于吊框下方，并与电源箱连接；将吊框悬挂于主下放装置下，然后使稳绳穿过吊框两侧导轨；连接即时照明及成像系统，并进行调试，观察各个部分能否正常运行。

（4）下放配重。将整套装置放置于井口上方，并启动稳绳牵引电机，将配重下放至溜井底部（稳绳下端悬挂 25kg 左右配重）。

（5）开展测量。首先在主钢丝绳上选择参考点，并测量其空间坐标，记录初始位置并开展第一次测量工作；完成后将测量装置下放 5m，开展第二次测量，重复操作，直至完成整个溜井的测量。

（6）收回测量装置及稳绳。完成测量工作后，首先将测量装置提升至井口，然后再同时将稳绳分别提升至井口，卸下各个装置完成测量工作。

（7）数据处理及分析。根据现场扫描获得的原始点云数据，将多站测量结果进行拼接并还原矿山坐标，建立三维模型并与设计模型进行对比，给出分析报告。

6.3.4.3　现场扫描测量

（1）扫描时间安排。为了便于对溜井扫描数据进行管理，以便将不同时期的扫描数据进行对比分析，明确溜井内部形态的变化趋势，将待测溜井按照扫描实施时间进行管理，具体如表 6-2 所示。

表 6-2　采区溜井扫描时间表

溜井编号	扫描开始时间	扫描结束时间
N3-2	2018 年 8 月 17 日 16：45	2018 年 8 月 17 日 17：56

（2）溜井测量。考虑到岩石工程施工质量难以控制以及溜井使用过程中卸矿工作对井壁造成的撞击破坏，井筒壁面很难保持光面形态。激光扫描采用直线反射原理，对于一些凹陷区域，很难实现井口设站即一次性完成整个井筒的测量工作，因而需要根据现场扫描情况逐渐下放测量设备至特定位置开展相应的测量工作。另外三维测量设备在测量过程中需要自行转动，为了避免测量时测量设备随悬吊钢丝绳发生旋转，进而影响测量结果准确性，需要相应装置来稳定扫描主机，为此在扫描主机两侧各增加一条稳绳，图 6-26 所示为现场扫描装置架设图。

图 6-26　三维激光扫描仪辅助结构现场组装图

结合溜井实际情况，从井口至井底按照相邻上一测站的扫描情况确定下一测站的下放高度，为了尽可能获得较为完整的溜井扫描数据，溜井的测站设置如表 6-3 所示（现场以吊框上方电源箱盖与格筛平齐为计量 0m 水平）。

表 6-3　溜井的测站设置情况表

溜井编号	测站设置	
N3-2	测站数	分段距离/m
	6	0；6.388；13.032；26.663；32.23；41.32

6.3.4.4　数据处理及分析

A　数据拼接及优化

基于分段测量获取的各阶段数据，按照高程位置和测站方位将不同阶段的点云数据依次进行拼接，得到完整溜井的三维点云数据如图 6-27a 所示，这里不同阶段的点云数据采用不同的颜色显示，进一步将拼接数据进行归一化处理，得到如图 6-27b 所示的溜井三维激光扫描点云模型。

B　三维建模

归一化后的点云数据可以认为是一个整体模型，也可以理解为在同一图层范围内，此时借助 BLSS-PE 矿用三维激光扫描测量系统配套点云处理软件或 Geomagic 等逆向工程建模软件可直接构建扫描溜井三维实体模型如图 6-28 所示。

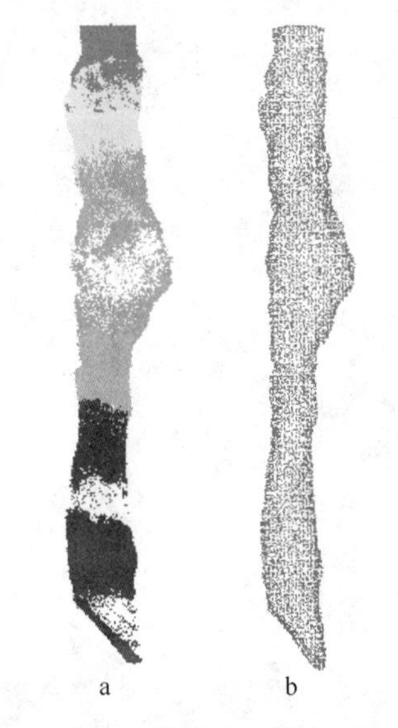

图 6-27　溜井三维激光扫描点云数据模型
a—拼接点云；b—归一化点云

图 6-28　扫描溜井三维实体模型

C　数据分析

为了便于确定实际溜井的“病灶”，需要将扫描溜井三维实体模型与设计溜井三维实体模型进行对比，为此建立设计溜井与扫描溜井复合模型如图 6-29 所示。

基于上述溜井复合模型，可根据需要截取特征剖面以便确定溜井内部存在明显欠挖及超挖的区域。图 6-30 所示为分别沿东西方向、南北方向并穿过溜井中心截取纵剖面图。

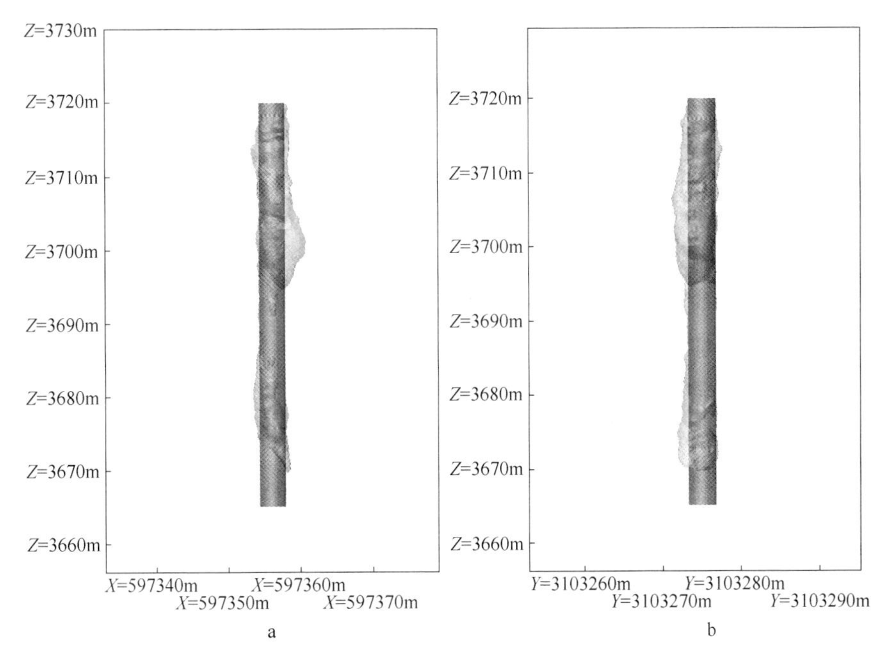

图 6-29 设计溜井与扫描溜井复合模型

a—X-Z 平面（西-东）；b—Y-Z 平面（南-北）

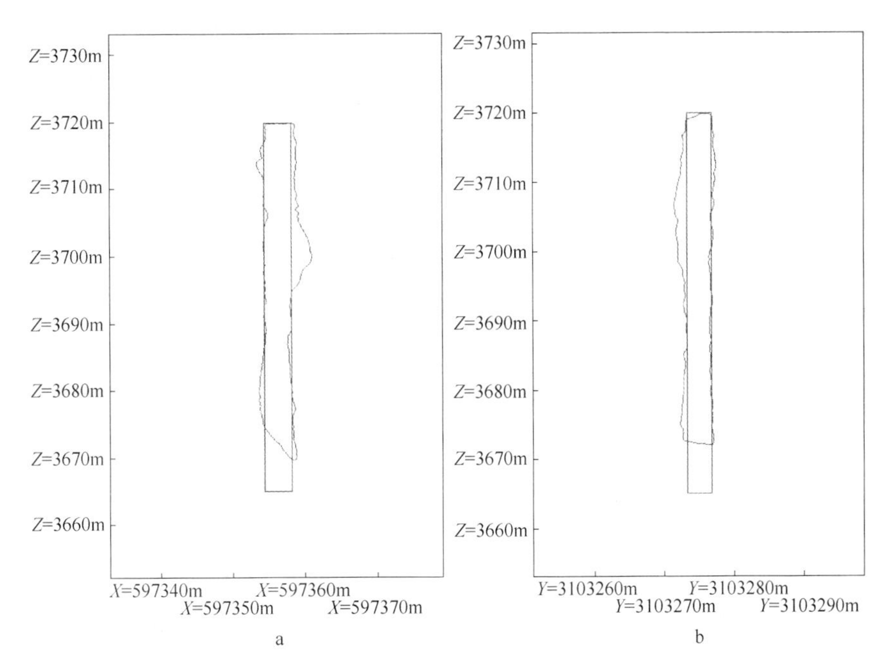

图 6-30 溜井复合模型纵剖面

a—X-Z 平面（西-东）；b—Y-Z 平面（南-北）

相应的，我们也可以根据需要截取横剖面，以便分析特定高程位置溜井井筒的变化情况，图 6-31 为基于复合模型截取的 3705m 高程横剖面图。

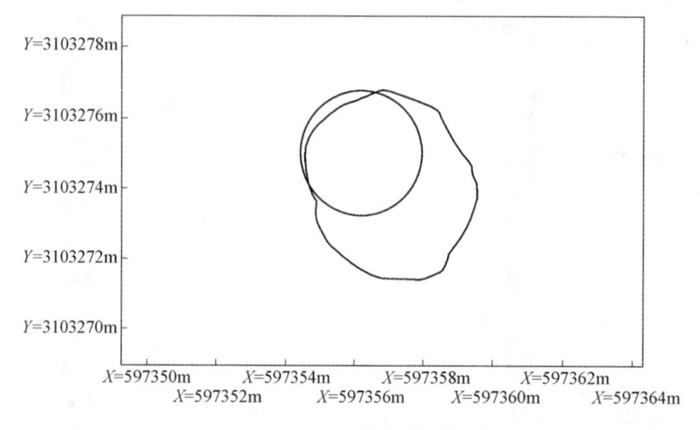

图 6-31　3705m 高程横剖面图

通过上述横、纵剖面的分析，可以直观的确定该溜井在 3705m 高程附近垮塌较为严重，且垮塌方向集中在东南方向，最大垮塌宽度接近 7m，为后期溜井放矿管理及修复设计奠定了基础。

当然，开展溜井修复工作是一项大工程，对于矿山来说，少则几百万，多则上千万的投入不可避免，因此为了控制成本同时也为方便管理，需要在修复前核算投入成本，相应的需要计算修复所需的材料成本，这里我们通过布尔计算得到溜井超欠挖部分的实体模型，为核算修复成本提供了准确的数据。图 6-32 所示

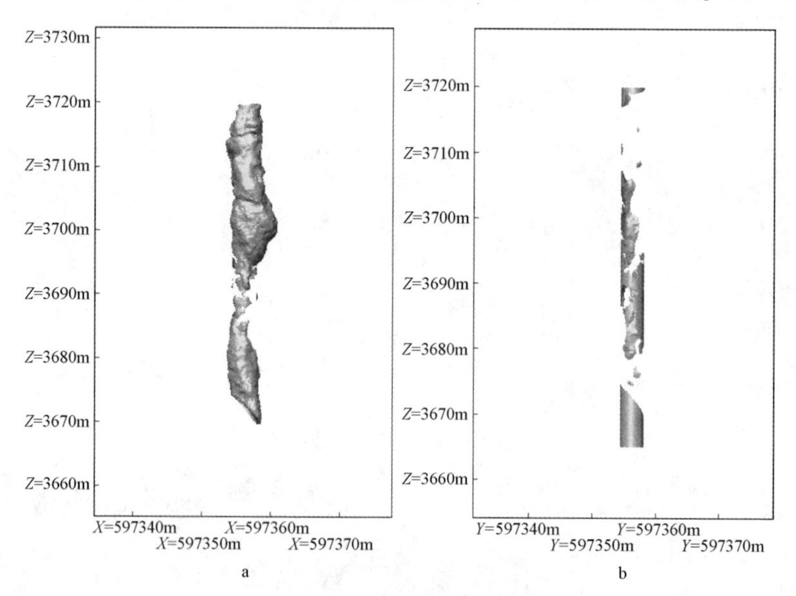

图 6-32　超欠挖部分实体模型

a—超挖部分；b—欠挖部分

为基于溜井复合模型得到的超挖和欠挖部分三维实体模型。

基于上述超挖和欠挖部分的三维实体模型，可以直接统计得到不同高程区间的超欠挖体积，如表6-4所示。

表6-4　扫描溜井超欠挖体积统计表

高程/m	超挖体积/m^3	欠挖体积/m^3
3670~3675	20.38	17.88
3675~3680	25.38	0.75
3680~3685	15.38	7.63
3685~3690	4.63	11.25
3690~3695	5.5	7.25
3695~3700	44.88	0.88
3700~3705	78	0
3705~3710	47.88	0
3710~3715	38.88	0
3715~3720	17.5	5.5
合　计	298.38	51.13

6.4　巷道掘进验收

6.4.1　巷道工程特点及验收存在挑战

巷道工程是用于地下开采时运矿、通风、排水、行人以及为铲装设备采出矿石而钻凿的各种必要准备工程。按照钻凿区域及使用用途的不同可细分为探矿巷道、生产巷道及采准巷道等，其中，探矿巷道是为了探明矿体，了解地质构造、矿床埋藏条件或者为设计精确的地质资料与进行储量升级而开掘的各种矿山巷道，诸如勘探沿脉、勘探穿脉巷道、勘探天井等均属于此类；生产巷道是为了开拓矿床，即是在地表与矿体之间进行运输、通风、排水和行人等开掘的巷道，有平硐、竖井、斜井、石门、井底车场及脉外阶段运输平巷等；采准巷道是为了准备采矿而开掘的巷道，它把矿床分为阶段和采区（矿块），包括主要沿脉巷道、穿脉巷道、采准天井以及采矿人行道等。

不同类型的巷道工程服务于矿山生产过程的各个环节，其中探矿巷道因其需要为精确设计地质资料提供基础数据，因此对其施工精度要求较高，截至目前，一些矿山仍然采用地质罗盘与皮尺相结合的导点方式，在一定程度上造成圈定的矿岩边界存在偏差，进而导致采场规划设计不合理，出现较严重的矿房损失和贫化；生产巷道在整个地下矿山建设及生产过程中在所有巷道工程中占比最大，其工程量的大小较大的影响着矿山生产成本的投入，当前国内绝大部分矿山的巷道掘进施工均采取外包组织方式，施工过程缺少监管，施工效果无法保证，更重要的工程量结算缺少计算依据，造成矿山生产成本增高；采准巷道是为矿石回采而掘进的巷道工程，因其多在矿体内施工，其施工质量直接影响后续矿石回采时的爆破效果，然而截至目前，绝大部分矿山并未采取有效的技术手段控制该类工程的施工效果，造成凿岩巷道的边帮和顶部尺寸与设计要求存在较大偏差，从而导致钻凿炮孔发生偏斜，装药质量不佳，进而造成大块产出率提高。因此，针对巷道施工过程中出现的诸多问题，加强掘进过程管理，确保掘进验收效果对于提高矿石回采率、降低矿石损失和贫化，控制生产成本至关重要。

井下巷道测量工作环境复杂，测量难度较高一直是矿山测绘工作的难点之一。巷道测量是保障矿井安全生产以及规划发展的重要工作，其测量工作质量对矿井开采施工的施工效率、施工方法选择的正确性以及施工安全有较大的影响。

6.4.2 传统巷道掘进测量技术

（1）水准仪、经纬仪、标尺测量。采用经纬仪、标尺实施巷道测量是目前相对比较落后的测量方式，其测量过程需要提前设置合理的导线点，而根据测量要求不同导线点的设置位置相差很大，有些需要设置在物理性质相对稳定的岩石中，有些则需要设置在顶板岩石和结构钢架中，为了便于管理和识别，导线点设置后还需进行编号标识，但由于井下巷道测量环境的特殊性，测量过程中数值的观测受测量距离以及巷道工程布置特点等影响较大，为了保证测量精度就必须降低测量效率，而在测量过程中不断的转移测站也相应地增加了劳动强度，同时也增加了累积误差的产生。另外，该种测量方式获得的测量数据通常为离散的数据点坐标，而且很难获得大量的测量数据，无法较完整地反映巷道的施工效果，影响巷道掘进验收的准确性，图 6-33 所示为采用标尺测量的现场作业图。

（2）全站仪测量。近几年来，我国的矿山企业在井下测量工作中逐步引进了更为先进的测量设备，其中全站仪是显著的代表。采用该类设备开展井下巷道的测量工作可以更为精准、高效地完成测距、测角等工作，操作相对比较简单，同时对使用环境的要求也相对较低，可操作性较强。另外，近年来出现的新一代全站仪更是可以实现与移动终端的蓝牙连接，实现了测量过程的远程控制和数据的远程传输等，同时，采用该设备一次架站即可完成所有数据的采集测量，避免了测量过程中重复的设备架设，这在井下巷道测量工作中作用尤为明显，受井下环境决定，井下设备工作难度较高，工作量也较为繁重，频繁的设备安置是导致巷道测量工作效率较低的重要原因。但采用该设备开展测量工作也只能够获得巷道表面的大量散乱点，同时处理散乱点的过程需要花费大量的时间，同时散乱点数据无法较完整地反映巷道的施工效果，图 6-34 所示为现场采用全站仪测量的实施图。

图 6-33 标尺测量

图 6-34 全站仪测量

6.4.3 三维激光扫描验收测量技术

井下巷道模型是采矿作业的重要依据，而巷道模型的质量则主要受建模技术的影响。传统巷道测量方式仅能得到巷道表面一些离散的点云数据，而以三维激光扫描方式开展巷道测量则相较具有显著的技术优势，首先可以提高巷道地理数据的准确性，井下巷道环境较为复杂，地理位置较为特殊，加之巷道中的基础地理数据较多，采用传统技术建模时，容易出现原始地理位置数据采集不完全、地理数据不准确的状况。而引入三维激光扫描技术后，该技术可借助扫描终端设备，为建模人员提供完整、真实的巷道原始地理数据资料，进而提高巷道建模工作质量；其次，采用三维激光扫描技术开展巷道扫描可视化程度很高，井下巷道建模工作的难度较高，相比传统建模技术，三维激光扫描的优势在于：该技术支持建模人员构建可视化巷道环境。建模人员在运用该技术建模时，可基于来自激光扫描设备提供的原始巷道地理数据，筛选出有价值数据，并将其转化为可供建模软件利用的云数据，在此基础上完成建模任务。整个建模过程均处于可视化状态，建模人员可根据巷道地理数据类型、数据在扫描设备、建模软件中的处理进度，评估建模工作进度，进而做出适宜决策，以保障井下巷道建模的有效性；另外，采用三维激光扫描技术开展巷道测量能够还原巷道的真实原貌，随着矿产资源消耗速度的升高及井下作业安全性要求的变化，如何提高采矿智能化、自动化水平，逐渐成为各采矿企业面临的关键问题。经传统建模技术构建的虚拟巷道模型，难以满足采矿企业的高标准要求。而以三维激光扫描技术为核心的巷道模型，则可充分还原井下巷道真实原貌，便于采矿企业根据三维模型适当调整井下作业设备布设方案及采矿工艺流程，并达成智能化采矿目标。

图 6-35 所示为采用不同类型三维激光扫描测量系统开展巷道现场测量的工作图。其中图 6-35a 为架站式三维激光扫描测量系统，该测量方式扫描距离远，扫描精度高，但需要多次架站拼接完成较长范围内巷道数据的采集工作；图 6-35b为移动式三维激光扫描测量系统，该测量方式扫描距离较近，扫描精度相对较低，但可以随人的移动完成巷道的扫描测量，扫描效率更高。

a

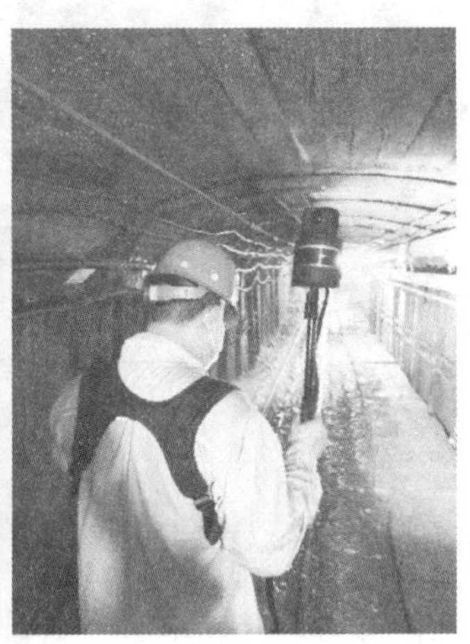

b

图 6-35　巷道三维激光扫描

a—架站式；b—手持式

基于上述巷道现场三维激光扫描过程，可快速生成能够反映巷道表面全部几何及相对位置信息的三维点云模型，还原巷道真实原貌，图 6-36 所示为现场扫描获得的巷道三维点云数据模型。

图 6-36　巷道三维激光扫描点云模型

通常情况下井下巷道的长度较长，且空间相对比较狭窄，在实施现场扫描时往往需要设置多个测站，并将不同测站获得的点云数据进行拼接，从而得到完整的巷道三维点云模型，进而基于点云模型建立巷道的三维实体模型如图 6-37 所示。

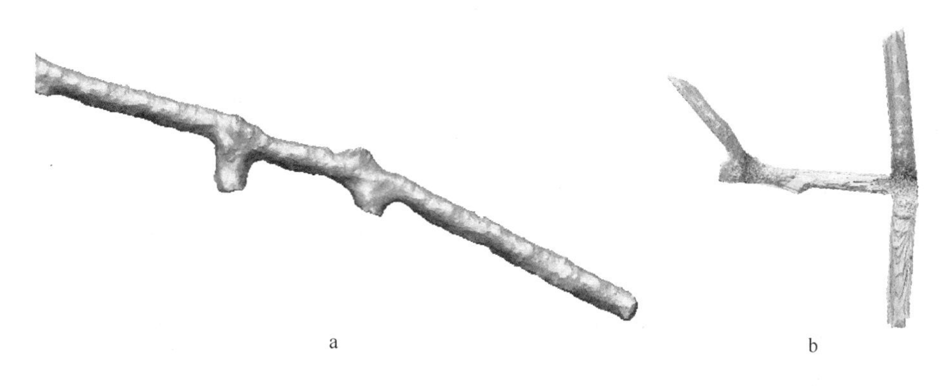

a　　b

图 6-37　巷道三维实体模型

a—直巷道；b—交叉巷道

建立巷道三维模型的根本目的是为了根据工程的需要选取特定的区域进行分析和计算，从而完成掘进验收，喷浆验收以及巷道位移变形监测等工作，这就要求在实际应用过程中应定期开展巷道扫描测量工作，通过对比不同阶段的扫描数据，可以直接计算巷道掘进量，进一步，可截取典型剖面对比分析完成喷浆量验收以及巷道变形监测工作。图 6-37a 中巷道三维实体模型为两个阶段完成的掘进工程量，这里可直接计算总工程量的大小如图 6-38 所示。

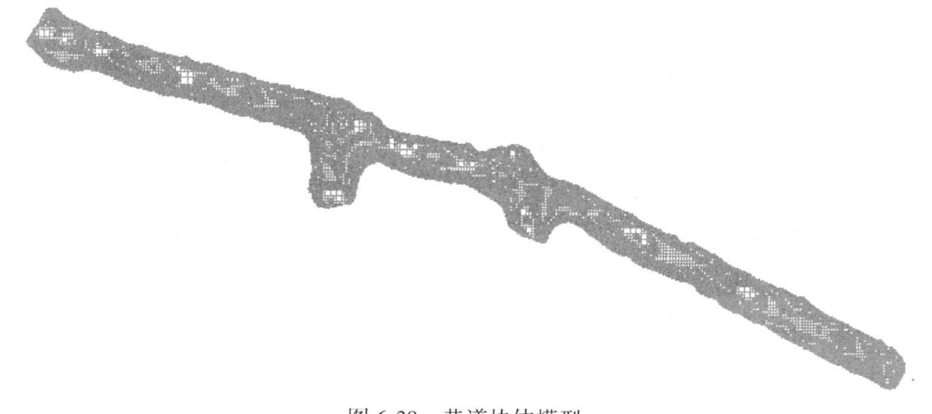

图 6-38　巷道块体模型

根据上述巷道块体三维模型，这里假定岩石的体重为 3.78t/m^3，则可直接读取其体积及质量，如表 6-5 所示。

表 6-5　巷道掘进量统计表

统计项目	体积/m^3	质量/t
数量	638.35	2412.98

类似的，可以采用相同的原理和方法，通过分别计算喷浆前后巷道三维实体模型的体积，可以准确地评估实际喷浆量的多少，这里不再一一赘述。

上述内容从整体上对采用三维激光扫描测量技术开展巷道掘进验收工作进行了简要的说明，相比传统的测量方式不难发现其明显具有测量数据直观性强，测量效率高，测量信息更加完备，且测量结果更加准确的特点。该项技术从根本上弥补了传统测量方式存在的不足，提升测量效率的同时，显著控制矿山生产成本，提升矿山经济效益。

6.4.4　巷道掘进验收典型案例

6.4.4.1　矿山工程背景

某矿山矿区面积 2.9128 平方公里，生产能力 33 万吨/年，该矿矿脉属极薄极倾斜矿体，平均厚度 0.45m，矿脉倾角≥70°。目前，矿山主要采用浅孔留矿法进行回采，采场设计长度为 50m，采幅随矿体厚度变化主要在 1.1~1.2m 之间，底部采用漏斗式放矿结构，厚约 3m，顶柱预留厚度为 2~3m。目前，该矿山浅部资源已经回采结束，后期矿山生产重心势必面临逐步向深部延伸的现状，开拓成本将进一步提高；另外，为了提升矿山经济效益，矿山年产量指标进一步提升，受限于矿山的矿体条件及生产设备，势必增加生产采场数量的投入，验收工作量巨大。鉴于上述两方面问题，减少人员投入、提高工作效率、降低矿山生产成本刻不容缓。目前，矿山针对开拓工程及采场回采工作的验收仍然采用传统的罗盘、皮尺以及全站仪测量方式，工作强度大，效率低，人员安全无法保证，尤其对于一些采幅较小的采场，现场测量工作的开展十分困难，根据现场人员统计，一次采场验收工作需要至少 2 人同时工作 2h 才能完成，而且测量过程偶然性较大，时常发生施工人员与矿山验收单位因回采矿量计算不统一而发生矛盾，影响矿山正常运营，因此有必要建立一套标准化的验收机制，促进矿山工程部与施工人员在矿量验收方面达成统一，保障矿山生产。

6.4.4.2　扫描实施方案

（1）测点布设：为确保激光扫描获取数据的完整性和准确性，现场按照每个狭窄区域至少布设 1 个测站的标准，另外每个测站附近设置 3 个真实坐标控制点。

(2) 现场扫描：检查扫描设备，并严格按照设备操作步骤实施现场扫描工作，并由全站仪配合联合观测巷道控制点坐标。

(3) 点云数据处理：在将各站数据进行预处理操作后依次将分站扫描数据实施拼接，经过点云过滤、去噪以及均一化处理后保存。

(4) 三维模型构建：以处理完成的点云模型为基础，采用三角面片将点云进行连接生成三维实体模型，对于局部存在开方边和自相交边的位置逐个进行编辑，得到与井下巷道的真实原貌高度接近的三维模型。

6.4.4.3　现场扫描

按照既定的扫描实施方案，对该矿山井下-5m 中段部分巷道及正在上采的某采场开展了现场扫描工作，如图 6-39 所示。

a

b

图 6-39　现场扫描实施图

a—巷道扫描；b—采场扫描

6.4.4.4　数据处理分析

基于现场实施的扫描工作，共获得-5m 中段巷道及采场三维点云各一部分，如图 6-40 所示，其中图 6-40a 为巷道三维点云数据，图 6-40b 为采场三维点云数据。

基于上述三维点云模型，分别建立巷道及采场三维实体模型如下。

A　巷道建模

将现场扫描获得的巷道点云数据进行点云去噪，精简以及统一化处理，得到如图 6-41a 所示的巷道三维点云模型，进一步的以图 6-41a 中的巷道三维点云模

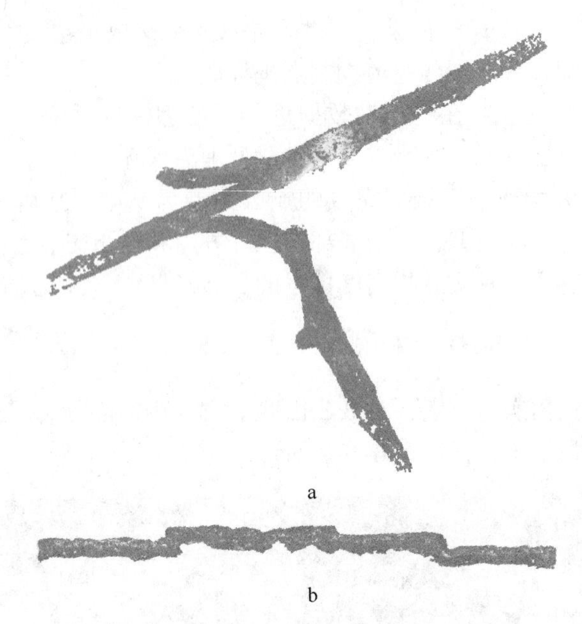

图 6-40　巷道及采场扫描三维点云模型
a—巷道点云；b—采场点云

型为基础可建立巷道三维实体模型如图 6-41b 所示。

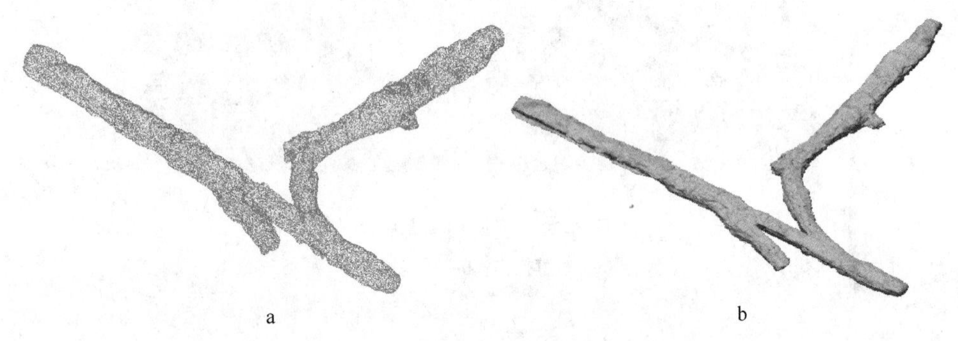

图 6-41　巷道三维建模
a—巷道三维点云模型；b—巷道三维实体模型

据矿山技术人员反馈，该部分巷道为两阶段施工完成，其中二期工程目前尚未进行结算，借助此次扫描工作，矿山希望能够精确计算二期工程量以便与施工队进行结算。如图 6-42a 所示，二期工程为图中矩形方框选中的区域。

基于图 6-42a 中给出的二期开拓工程区域位置，这里基于块体分割技术精确计算二期开拓工程量如图 6-42b 所示，按照岩石容重 3.78t/m^3 统计工程量如表 6-6所示。

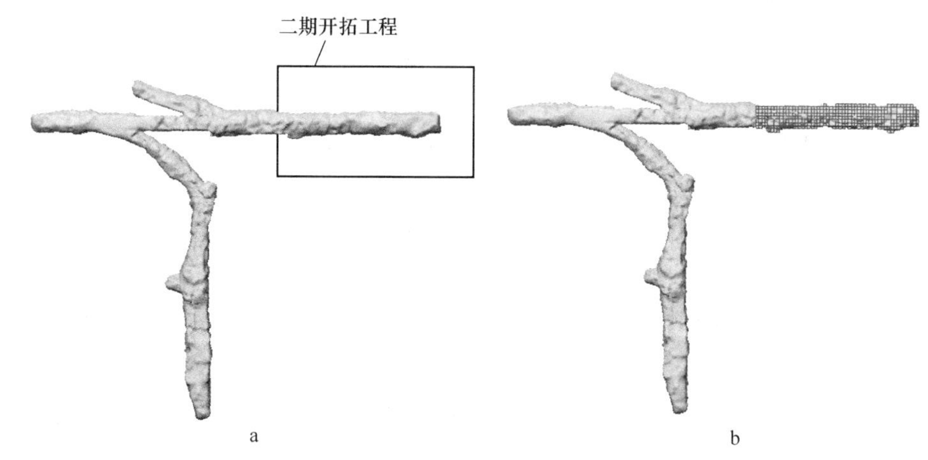

图 6-42 二期开拓工程量计算

a—二期开拓工程位置；b—二期开拓工程区域约束

表 6-6 巷道掘进工程量统计表

统计项目	体积/m^3	质量/t
工程量	218.75	826.875

B 采场建模及收方验收

同样的，以上述扫描获得的采场三维点云模型为基础，建立采场三维实体模型如图 6-43 所示。

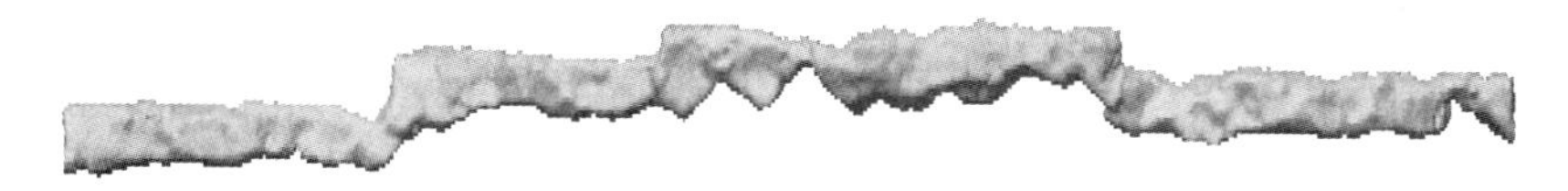

图 6-43 采场三维实体模型

进一步的，基于图 6-43 中的采场三维实体模型，根据需要提取采场顶部或者底部轮廓线，这里以顶部边界轮廓线为例，截取的边界轮廓线如图 6-44 所示。

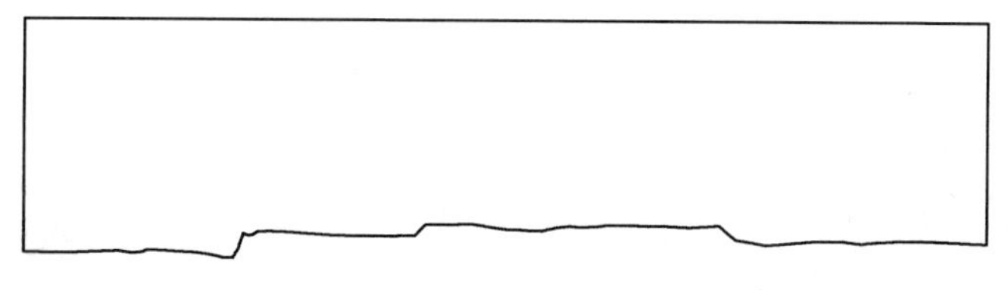

图 6-44 采场范围边界轮廓线

以上述轮廓线为基础，构建采场三维实体模型如图 6-45 所示。

图 6-45　采场三维实体模型

至此，按照矿石容重 3.78t/m^3，则可根据上述建立的采场三维实体模型计算得到当前阶段采场内剩余矿石量如表 6-7 所示。

表 6-7　采场内剩余矿石量统计表

统计项目	体积/m^3	质量/t
剩余矿石量	1124.54	4250.76

C　矿房出矿量复合

矿山不仅需要加强回采过程的验收工作，同时为了评价矿房的损失贫化率，也需要在矿房回采完毕大放矿结束后对整体的采空区形态进行扫描，这里我们以上述扫描获得的局部采空区数据为基础，简单阐述矿房体积的计算方法，图 6-46 所示为基于矿房三维实体模型建立的采空区块体模型。

图 6-46　采空区块体模型

根据以上采空区块体模型，可直接计算得到采空区体积为 274.83m^3。

同样的，针对大放矿完成的采空区，可以采用上述扫描装备通过对采空区的不同位置实施扫描工作，然后将单次扫描结果进行自动拼接，从而得到完整的采空区三维点云模型，进而建立真实三维实体模型，计算采空区的体积，从而计算贫损指标，评价回采效果。

6.5　露天边坡形变监测

6.5.1　露天边坡工程特点

露天边坡又称露天矿边帮，是露采矿山采矿场的构成要素之一。通俗来讲即露天采场四周的倾斜表面，是由许多已经结束采掘工作的台阶组成的总斜坡。露天矿山开采过程中，边坡的稳定与否直接制约着矿山的安全。一般从矿山投产到开采结束，滑坡的影响贯穿始终，因此，对露天边坡的治理应一直延续到开采结束（见图 6-47）。

图 6-47　露天边坡滑坡典型案例

边坡滑坡类型一般有平面滑坡、楔体滑坡、圆弧滑坡、倾倒滑坡以及复合滑坡等五种，而平面滑坡又是其发生最多的一种滑坡类型。究其原因，边坡滑坡活动的发生多是在多种应力作用下，岩体从变形最终演变为崩落的现象。岩土体首先在长期的地质应力作用下产生节理、裂隙或断裂，完整性受到破坏，甚至破裂分割成支离破碎的块体，进一步外力的诱导作用导致滑坡体沿最大梯度方向急剧而猛烈的崩落。除此之外，边坡滑坡还受到边坡角不合理、地质因素、岩体中的地下水、爆破作用、边坡的几何形状以及生产管理不当等多种因素的影响。基于此，为了预防大规模滑坡事故的发生，不仅需要结合岩体特点合理确定工作阶段坡面角，加强边坡的检查和维护，并针对明显软弱区域增加抗滑工程及加固措施，同时需要根据边坡特点制定详细的边坡变形监测方案，通过对边坡进行变形监测，可以充分认识边坡变形机理和稳定性的变化规律，并可在此基础上对边坡支护设计进行优化，有效保证边坡施工的安全。

截至目前，以监测地表位移为主的露天边坡监测技术发展很快，其中按照发展历史可主要分为两类：一类是通过大地测量法借助全站仪或经纬仪对监测点坐标进行监测。近年来，随着电子信息技术的快速发展和各学科的交叉融合，多种地表位移监测技术不断涌现，其中包括自动化全站仪监测网络，激光测距扫描技术，合成孔径雷达干涉测量技术，全球定位系统检测技术，数字成像监测技术以及地理信息系统监测技术等。一系列的新型技术的发明和应用为边坡工程地表位移监测提供了更加方便有效的手段。

6.5.2　传统监测技术手段

（1）大地测量法。大地测量法是基于全站仪、经纬仪、水准仪、测距仪、钢卷尺等传统测量工具，对边坡的变形进行及时准确地测量和分析，从而确定边坡水平位移和沉降的方法手段。其中以全站仪为代表，由于其具有多功能、高精度、可以测量三维坐标等特点被成功应用于大坝、基坑和边坡的变形监测中（见图 6-48）。在监测的过程中，通常采用的方法是在监测区域外相对稳定处设置固定监测基点安放全站仪，直接测量各监测点坐标并进行坐标差分计算，从而获得各个监测点的位移量。而在此过程中为了避免监测区域的变形对监测基点的影响同时保证通视条件，提高照准精度，监测基点必须在距离监测点的适当位置处。该监测方法的实现原理相对较为简单，但在实际使用过程中存在监测效率较低，难以实时监测地表位移变化，且光学仪器受环境气候及地形条件影响较大，而导致监测结果容易出现误差等不足。

图 6-48　全站仪露天边坡变形监测

（2）多点位移传感器动态监测。传感器监测露天矿山边坡失稳主要是通过在滑坡敏感区域布设监测点来反馈地表变形信息。以光纤光栅位移传感器为代表，其基于光纤光栅的应变测量原理，由探杆探测边坡的位移变化，在拉伸的作用下将位移变化通过滑块转化成悬臂梁自由端挠度的变化，由此使悬臂梁上下表面发生应变，等强度的悬臂梁上下表面应变数值相等，而方向相反，通过测量悬臂梁上下表面的波长变化差值来反映边坡的位移变化量。该监测方法现场安装工作量相对较大，另外监测周期也比较长，所用设备和仪器成本均较高。

（3）GPS 变形监测。目前采用 GPS 开展露天边坡变形监测主要有几种不同的模式：第一种是普通模式，使用几台 GPS 接收机，人工定期逐点采集数据，通过后处理获得各期之间的变形；第二种是隔河岩模式，该模式在每个监测点上安置一台 GPS 接收机，实现全天候、全自动化监测、处理和分析；第三种是 RTK 模式，该模式采用 GPS RTK 技术，通过多次测量同一基准点的位置坐标，计算得到基准点的变形量，该模式的监测精度通常比较低，难以达到 3mm 的监测精度标准（见图 6-49）。

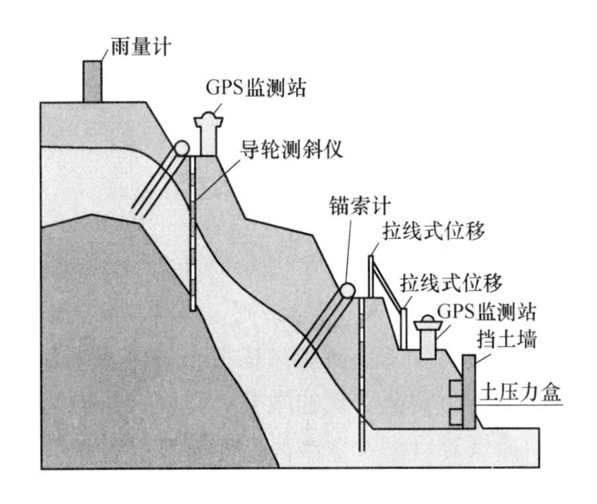

图 6-49　边坡 GPS 变形监测示意图

6.5.3　新型边坡监测技术手段

（1）近景摄影测量监测技术。近景摄影测量方法是非接触测量的方法，其可以对变薄的变形状况进行测量，主要是要在边坡体的附近选择相关的控制点和检测点，然后对边坡进行拍摄，从而获取相关的影像数据。在实际应用中，主要是将近景摄影仪放到 2 个固定的测点上面，然后对边坡周围的物体进行摄像，在近景摄影测量完成后，利用相关软件对测量的数据进行分析，就可以得到不同基高比坐标中误差图形，同时也可以计算出相同基高下，不一样摄影精度的对比数据。

（2）边坡雷达监测技术。边坡雷达监测技术是一种能够对露天矿边坡、排土场，尾矿坝等坝体边坡、建筑物变形、沉降实施大范围连续监测的一种新型技术。其中以边坡合成孔径雷达监测预警系统为代表，通过陆基轨道携带雷达天线运动，形成直线合成孔径，通过步进频率连续波技术，获取观测区域的高分辨率二维图像。把同一目标区域，不同时间获取的图像结合起来，比较目标在不同时刻的相位差，可获得目标的毫米级精度位移信息，再利用网络远程控制系统实现全天候自动监测（见图 6-50）。

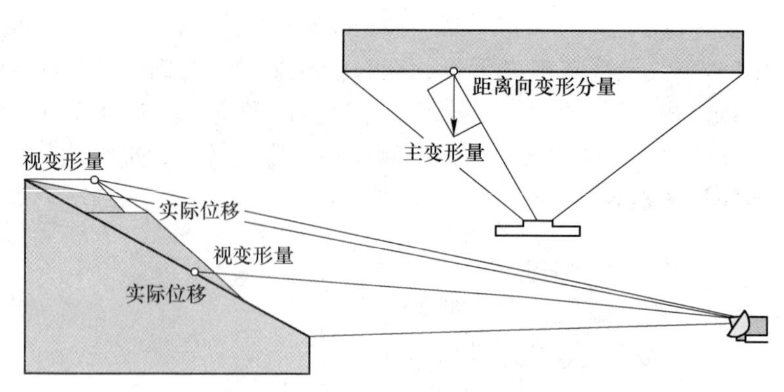

图 6-50　边坡雷达监测技术工作原理

6.5.4　三维激光扫描监测技术

随着科学技术的快速发展，三维激光扫描技术被快速应用于矿山工程的各个领域，其中露天边坡作为矿山安全管理的主要工程，三维激光扫描技术被成功引入并广泛应用。利用扫描仪对目标发射激光，根据激光发射和接收的时间差来计算目标距离，再结合水平方向和垂直方向的距离和角值，即可计算出目标点的三维坐标。这些三维坐标以点云的方式存储，而点云的实质是大量的矢量点。通过软件对这些点云进行相应处理后，可得到被测对象的三维几何模型。通过对不同期的扫描数据进行分析，即可得到被测对象的变形数据（见图 6-51）。

图 6-51　三维激光扫描边坡变形监测

图 6-52 为采用三维激光扫描测量方式获得的某露天采场三维点云模型，这里采用的是机载雷达测量方式得到的实测数据，按照 1∶500 的测图精度，实际测量误差控制在 5cm 的范围内。

图 6-52　三维激光扫描露天坑原始数据

通过无人机挂载激光雷达的方式能够快速获得露天采场一定区域范围内的三维点云数据，这里我们可以基于上述点云数据快速建立该区域范围内的三维实体模型，如图 6-53 所示。

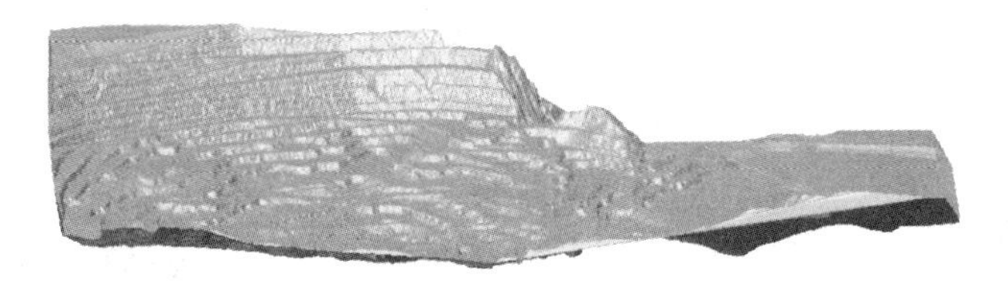

图 6-53　露天采场三维实体模型

通过上述过程，可以得到当前阶段的露天坑现状，这也为后期开展变形分析工作奠定了基础，通过多次现场扫描工作可以分别与上述建立的露天采场三维实体模型进行比对，通过比对可以确定经过一段时间后，露天坑边坡的整体变形情况。如图 6-54 所示是将第二次扫描获得的点云数据与上述露天采场三维实体模型比对分析后确定的边坡位移变化情况。

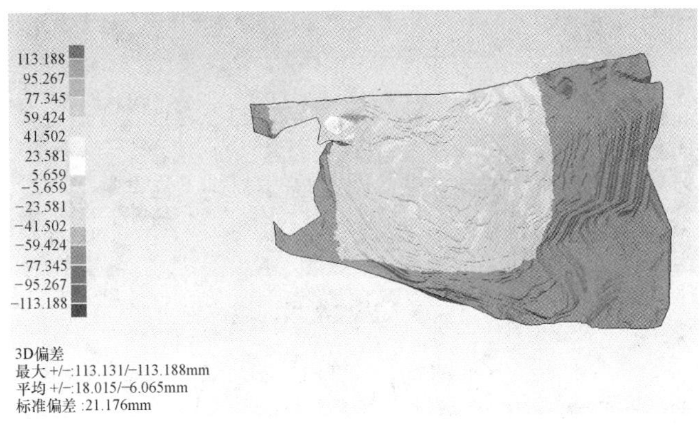

图 6-54　两次扫描结果对比分析

通过上述两次扫描数据的对比分析不难发现，第二次扫描相较第一次建立的露天采场三维模型，其在局部区域出现了较大的变形，其中最大变形超过了 113mm。通过该方式能够相对分析出露天采场边坡整体的变形趋势。

采用三维激光扫描的方式进行露天边坡的变形监测能够快速获取较大范围内的边坡面三维形态，并且给出整体的分析评价，其应用效果相较传统的监测方式效率更高，同时也更加全面。但是，鉴于采用移动设备多次对同一区域开展测量并对比分析在实际应用过程中，由于缺乏统一基准且受作业环境影响较大，其测量的时效性不足，近来采用三维激光扫描方式开展在线监测逐渐在很多矿山边坡进行了应用，真正做到了全天候，实时监测预警，显著提升了三维激光扫描方式在露天边坡变形监测领域的应用效果。

6.5.5　露天边坡形变监测典型案例

6.5.5.1　矿山工程背景

某铜矿山经过多年来的露天开采，目前因剥离形成的深凹陷形深坑长度约750m，最小高程值为-36m，周边为高边坡，边坡与开采区高差均在100m以上，西边达200m以上。图6-55为当前阶段的开采区，根据实地勘察，矿区北部出现局部滑塌，随着开采的不断深入，周边的边坡高差逐渐加大，该地区又存在较长时间的雨季，滑塌区域有进一步扩展的趋势，上述不利因素越来越影响矿山正常的开采安全，使开展矿区及边坡安全监测工作迫在眉睫。

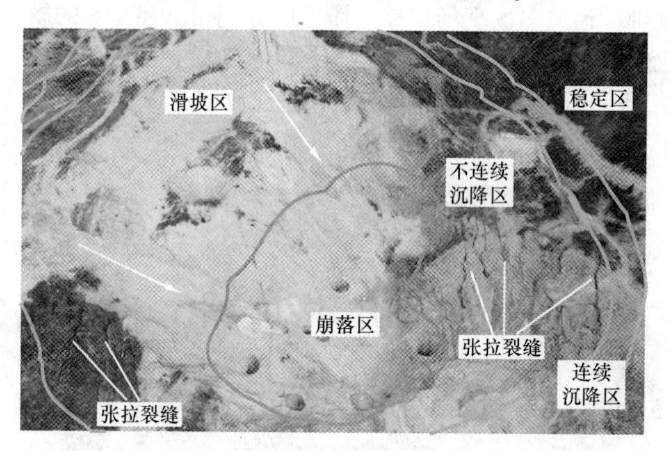

图6-55　露天边坡滑塌区域位置

6.5.5.2　边坡监测现场实施

针对上述开采区域范围较大的实际情况，采用三维激光扫描的方式对开采区域进行监测，具体实现流程如下：

(1) 监测系统构建。现场数据采集选用MAPTEK I-Site 8820型高速三维激光扫描仪进行观测，设备监测精度可达5mm@1km，获取的高密度三维点云数据能够精确重现地表沉降塌陷的细节特征，在地表滑坡区东侧山坡上建立地表沉降三维激光扫描监测站，扫描仪视角能够覆盖地表预计塌陷范围及邻近高边坡，为提高三维激光扫描监测精度，并提高设备在恶劣环境下的可靠性，以及扫描激光的穿透性能，监测站透视窗采用了 K9 光学玻璃，图 6-56 为现场扫描仪架设位置。

图 6-56 三维激光扫描监测站及增透视窗

（2）现场数据采集。为了对地表滑坡及塌陷范围发展趋势进行量化分析，使用三维激光扫描仪定期对滑坡塌陷区进行扫描，获取两期的地表三维激光扫描数据如图 6-57 所示。

图 6-57 前后两次扫描地表塌陷区形态的三维点云模型

6.5.5.3　矿山边坡变形监测与分析

经过上述步骤可以得到不同时期的边坡三维点云模型，为了能够进一步的分析边坡变形的趋势，可以将不同时期扫描工作获得的露天边坡点云进行叠加分析，通过对不同时期的点云模型进行叠加对比分析来分析这些变化，从而判断地表滑坡和塌陷区的位移情况。

以上一期模型为基准面，下一期模型为参考模型，在保证统一坐标系条件的情况下将两期数据进行叠加，得到如图 6-58 所示的矿山地表沉降滑移变形图。

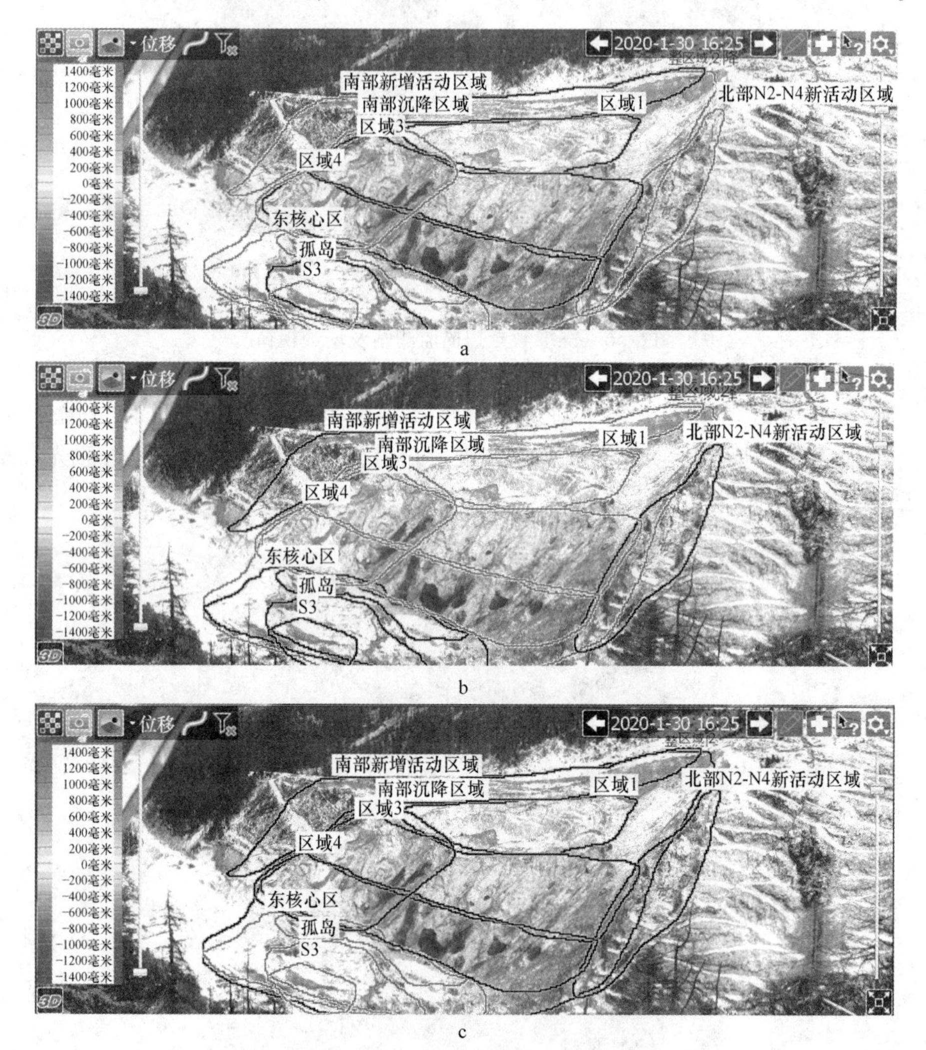

图 6-58　多期点云数据比对地表沉降滑移变形趋势

a—塌陷坑整体及重点关注区域沉降趋势；b—西部北部边坡区域沉降和位移趋势；c—东部区域地表沉降趋势

根据三维激光扫描获取的 2019 年 10 月底到 2020 年 1 月底的监测数据（见图 6-58a），圈定的沉降区域基本呈等速沉降趋势，但不同区域沉降速度有差别，南部沉降区及南部新增的不连续沉降区域变形速度较慢，低于塌陷区整体的沉降速度，而东部、塌陷坑底部核心区等位置区域沉降速度较快，原本沉降不明显的孤岛区域也开始沉降。

塌陷区内的西部、北部边坡以及南部已塌陷区域的沉降速度基本没有变化（见图 6-58b），位移曲线上的突起波动是由于降雪遮挡激光扫描视窗造成的伪数据，但根据位移曲线的整体走势，可以看出整体沉降趋势较平稳，没有突发沉降和塌陷。但由于该区域边坡较大，且地表冰碛层较松散，塌陷坑底部的沉降会诱发边坡向塌陷坑底部方向持续滑移垮塌。

塌陷坑东部及孤岛、核心区、S3 都位于塌陷坑的东侧，该区域呈现明显的沉降趋势，且沉降速度比整个区域的平均沉降速度快，判断上覆矿岩崩落已接近地表，底部结构加速出矿使得东部地表的沉降速度加快，可以估计该区域后续的沉降速度和趋势主要取决于井下放矿出矿作业的速度。

6.6 岩体结构面智能识别与分组

6.6.1 结构面调查的目的和意义

岩体结构面的存在使岩体表现出一定的结构性，而且常常作为软弱面影响岩体的力学特征。精确快速获取岩体的结构面信息，一直以来都是岩土工程及工程地质调查领域研究的热点。目前，针对岩体结构面获取方式的研究非常之多，按照测量手段的不同主要可分为两类，一类是传统的接触式测量，该类方法采用罗盘和卷尺近距离接触岩体表面逐一进行测量，结合人为判断来定量获取结构面的几何参数（倾向、倾角、节理迹长、节理间距），并逐个进行分析，发现该方式准确度相对较高，但测量过程安全性差、工作量大、测量效率低、测量数据有限且受测量人员主观影响较大；另一类是依托先进采集设备的非接触测量方式，目前以摄影测量和三维激光扫描两种技术应用较为广泛，可快速获取待测区域的表面图像或三维点云，并进一步得到三维模型，外业测量作业安全高效、工作强度显著降低，但该类方式内业结构面识别需基于三维图像或三维点云人工绘制，导致识别出的结构面规模差异较大，统计结果存在较大的偶然误差。

综上所述，为了能够更加安全、高效、精确地获取大尺度工程岩体的结构面分布特征，不仅需要采用目前比较先进的测量手段，同时亟需改变仍然以人工绘制方式来识别结构面的现状。结合矿冶科技集团有限公司在激光扫描方面的技术优势，很有必要开展基于海量三维点云的岩体结构面智能提取与分组软件的开发研究。

6.6.2 传统结构面调查方法

6.6.2.1 测线法

该方法要求在待测量处划定测线，在距测线上下各 1m 处作为窗口上限划定统计窗口，通过 GPS 确定基点坐标，并沿测线方向开始调查直至终点，统计窗口内结构面裂隙发育情况（倾向/倾角，基距等）。调查主要遵循的原则为：

（1）在调查区域岩体构造复杂，结构面类型、产状和间距等的分布多变的情况下，沿岩体暴露面连续不断地调查；

（2）在岩体构造类型简单、产状相对稳定，分布规律比较明显的情况下，选择有代表性区段进行调查。

根据统计分析，要确定所测区段中各节理组，节理间距的分布参数，所需测定的测线长度一般应不少于 10m，这个数字随结构面产状的随机性以及进一步分析的需要而变化。

厚度大于 1m 的断层破碎带内，通常岩体切割严重，风化剧烈，构造复杂，含水量大。在稳定性方面，它起控制作用。因此，在构造调查时应做特殊的量测和记录。

（1）节理量测统计：断层带或破碎带内节理密度大，交叉切割严重，但方向性仍比较明显。若逐条节理量测统计，工作量太大，因此可按方向大致相同的节理量取代表性产状，说明节理组相对发育程度，统计与测线相交的节理总条数和平均间距。

（2）量测记录破碎带上下接触面的产状，以便推断破碎带的延展性，并确定断层性质。

（3）记录构造岩石类型（节理切割、砾岩或断层泥等）。

（4）记录节理壁和节理岩块的风化情况。

该方法主要依靠人工的方式进行测量，要求在岩壁上预先设置较长区间的测线，针对所有结构面数据采用罗盘逐个进行测量，测量工作强度大，测量结果受主观影响（见图 6-59）。

6.6.2.2 钻孔摄像技术

数字钻孔摄像技术是一种基于光学手段的地下岩体勘察手段，它能够通过钻孔深入到岩体内部，观察并记录孔壁岩体的结构特征，通过视频转换、图像识别、参数计算等步骤，获取地下岩体内结构面的几何参数。其硬件部分一般由控制箱、全景探头、深度编码器、电缆等组成，可以获得钻孔 360°壁面全景图像，通过野外测试获得的钻孔孔壁视频，经视频图像分析系统处理，可以得到孔壁岩体的平面展开

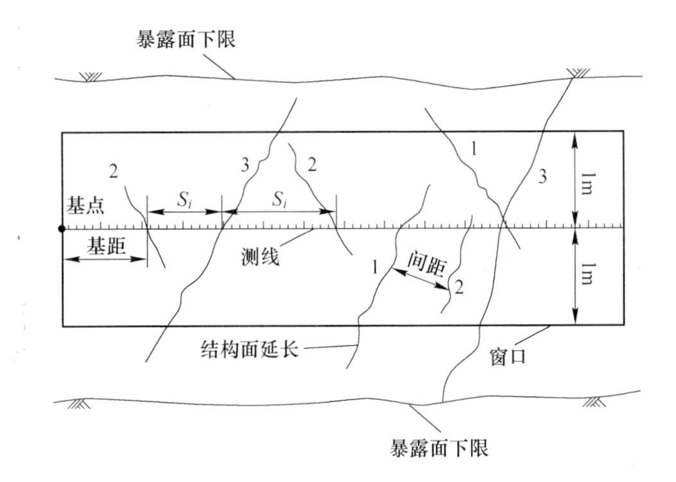

图 6-59 不连续面量测的详细线法示意图

1—一端超过窗口被截断，一端在窗口内；2—两端均在窗口内；3—两端均超过窗口被截断

图和柱状岩芯图。平面展开图是一副完整的360°钻孔壁面的二维展开图像，是钻孔内壁沿着正北方向垂直剖开的平面图，图 6-60 为钻孔摄像测量系统及其测量效果图，从该图中可以获得结构面的产状、裂隙宽度、充填特征等信息。

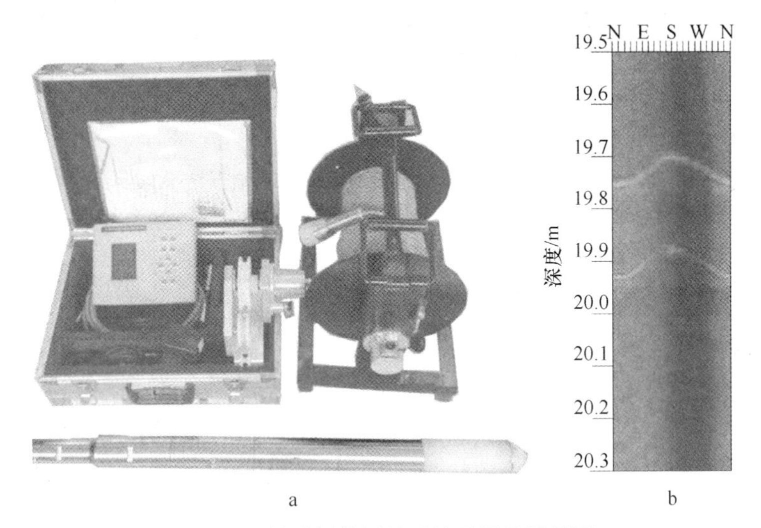

图 6-60 钻孔摄像测量系统及测量效果图

a—钻孔摄像测量系统；b—钻孔测量解析图

该方法可以获得岩体内部的结构面发育特征，但是由于现场需要钻凿测量孔，工作强度大，测量成本较高，对于一些人无法接近的区域不便于钻凿钻孔，结构面统计特征不明显。

6.6.2.3　摄影测量技术

基于数字近景摄影测量的岩体结构面，几何信息获取是通过野外控制测量和摄取目标体影像，采用数字摄影测量工作站进行目标体三维建模。在立体模型上，首先识别判定结构面，再测取结构面的空间坐标，进而依据基于空间坐标的几何信息解算模型解译结构面信息。由于结构面的外在表现形式复杂多变，可用多种方法进行结构面的识别与判定。例如可根据图像的阴影特征直接判识；依据结构面成组出现的特征和近似台面的产状类比判识；运用相关分析法通过间接判读标志来判断结构面的推理判识。实际工作中，采用多种证据或标志综合分析验证，对难识别的影像必须实地验证。目前国内外采用摄影测量方法开展岩体结构面识别的代表性设备有奥地利的3GSM，澳大利亚的Sirovision摄影测量系统，图6-61为Sirovision摄影测量系统及岩体结构面调查数据结果。

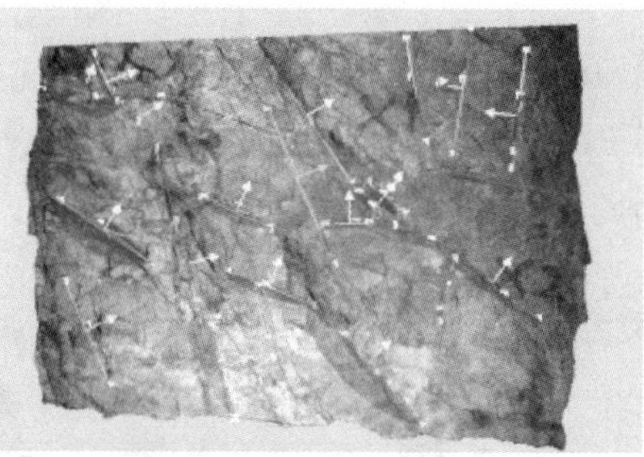

图6-61　Sirovision摄影测量系统及调查结果

6.6.3　三维激光扫描的结构面统计技术

三维激光扫描技术是近年来发展较快的一种测量技术，随着该项技术发展的逐步完善，其应用领域也逐步延伸，特别是随着激光发射频率以及扫描精度的逐步提高，其在一些精细测量领域得到了更加全面的应用，其中包括采用三维激光扫描方式开展岩体结构面智能识别与提取，便可以满足工程实践的精细快速要求。

6.6.3.1　岩体结构面智能识别

岩体结构面智能识别的主要任务是利用点云数据的空间坐标信息，结合结构面野外测量知识，判断哪些点云数据位于同一面上。目前主要采用的包括区域生长算法、中心聚类算法、三角剖分法等，其中以区域生产算法为代表，通过判断生长点与周边点的颜色、纹理或灰度差异，分割研究目标与背景目标。自然界中的结构面一般具有一定的规模和方位，位于同一结构面内的法向向量应该基本一致，基于此可进行结构面的智能绘制。

区域生长法由一个种子三角形开始，按照一定的法则不断向外围增加新的三角形产生三角形网区域。设三角形 i 的法向量为 n_i，面积为 S_i。则相邻三角形法向量夹角小于给定的阈值 a_1；

$$\theta = \frac{n_i \cdot n_j}{|n_i| \cdot |n_j|} < a_1$$

新增三角形法向量与已有三角形网区域平均法向量 t_n 夹角小于 a_2；

$$t_n = \frac{n_1 \cdot s_1 + n_2 \cdot s_2 + \cdots + n_n \cdot s_n}{S_1 + S_2 + \cdots + S_n}$$

通过上述方法能够识别一个近似平面区域，如果近似平面区域的面积和近似平面区域包含的三角形面片数量达到设置的阈值时，则认为似平面区域是一个结构面，否则认为似平面区域不是结构面。四面体区域生长法识别结构面，见图 6-62。

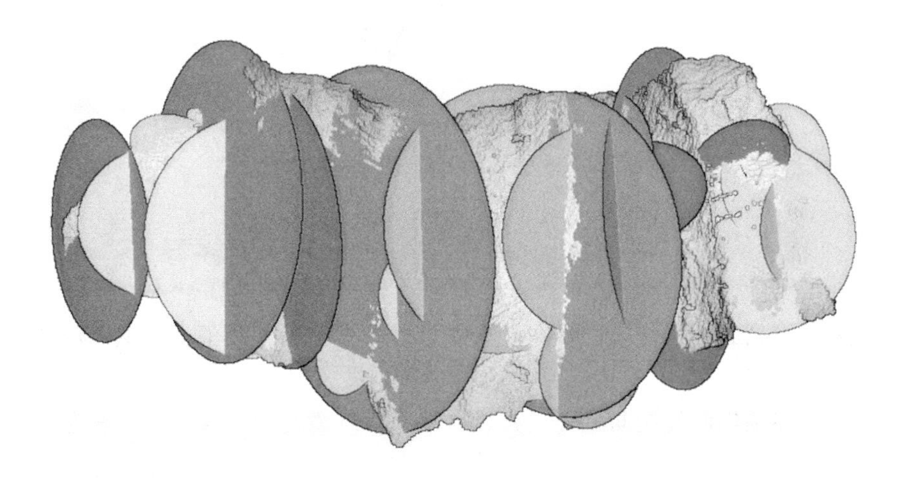

图 6-62 四面体区域生长法识别结构面

6.6.3.2 岩体结构面信息提取

得到每个结构面的所有节点信息后，即可通过最小二乘法进行线性拟合，得到平面方程为：

$$ax + by + c = z$$

写成矩阵形式可表示为：

$$[x,\ y,\ 1]\begin{bmatrix} a \\ b \\ c \end{bmatrix} = [z]$$

设结构面上 n 个点的坐标分别为 $(x_1,\ y_1,\ z_1)$，$(x_2,\ y_2,\ z_2)$，…，$(x_n,\ y_n,\ z_n)$。则上式可表示为

$$\begin{bmatrix} x_1, & y_1, & 1 \\ x_2, & y_2, & 1 \\ \vdots & \vdots & \vdots \\ x_n, & y_n, & 1 \end{bmatrix}\begin{bmatrix} a \\ b \\ c \end{bmatrix} = \begin{bmatrix} z_1 \\ z_2 \\ \vdots \\ z_n \end{bmatrix}$$

令

$$A = \begin{bmatrix} a \\ b \\ c \end{bmatrix}$$

$$x = \begin{bmatrix} x_1, & y_1, & 1 \\ x_2, & y_2, & 1 \\ \vdots & \vdots & \vdots \\ x_n, & y_n, & 1 \end{bmatrix}$$

$$z = \begin{bmatrix} z_1 \\ z_2 \\ \vdots \\ z_n \end{bmatrix}$$

则要拟合找到向量 A，使得 $\varphi(A) = \| Ax - z \|$ 取得最小值，即拟合得到平面方程及其法向量。

假设岩体结构面的法向量（a，b，c），而三维激光扫描仪工作原理为激光反射，只能扫描出出露较好的面，因此单位法向量中 $c>0$，（a，b，c）为岩体结构面的单位外法向量。在大地坐标系中，假定 y 正轴方向为正北，x 正轴方向为正东，z 正轴方向为向上，根据下述公式即可求出该岩体结构面在大地坐标系中的倾向 α 和倾角 β 。

$\beta = \arccos(c)$

If $a \geqslant 0$，$b \geqslant 0$，$\alpha = \arcsin(a/\sin\beta)$

If $a<0$，$b>0$，$\alpha = 360 - \arcsin(-a/\sin\beta)$

If $a<0$，$b<0$，$\alpha = 180 - \arcsin(a/\sin\beta)$

If $a>0$，$b<0$，$\alpha = 180 + \arcsin(-a/\sin\beta)$

6.6.4 结构面统计应用典型案例

6.6.4.1 工程概况

某露天坡面岩性为花岗岩，发育有 3~5 组交错的结构面，受结构面影响，长期有碎块滑落，为了分析评价该区域岩体的稳定性特征，按照国际上通用的岩石质量评价理论，需要获取其优势结构面产状，因此亟需开展相关的工程地质调查工作。

6.6.4.2 现场扫描

基于上述露天坡面工程特征，现场采用由矿冶科技集团有限公司自主研发的 BLSF-SL 无人机载三维激光扫描测量系统对其进行扫描测量，如图 6-63 所示。

图 6-63 露天边坡现场扫描

6.6.4.3 数据处理及分析

A 扫描数据

基于上述扫描实施方案，经过点云降采样、去噪过滤以及坐标定位得到如图 6-64 所示的露天坡面点云三维模型，其中包含点数量为 166494 个。

B 结构面智能识别

按照区域生长算法，设置单个结构面的优势结构阈值及角度偏差等参数，识别绘制结构面表征圆盘如图 6-65 所示，考虑到数据完整边坡的数据量较大，这里只选择图 6-64 中的 A 区域进行显示。

图 6-64　露天边坡扫描点云

a　　　　　　　　　　　　　　　　　　b

图 6-65　结构面智能识别

a—区域生长分割参数设置；b—结构面识别结果

C　结构面自动分组

基于上述识别得到的结构面数据，按照该区域具有 5 组结构面进行统计分析，设置结构面法向容差为 20°，得到如图 6-66 所示的结构面分组数据。

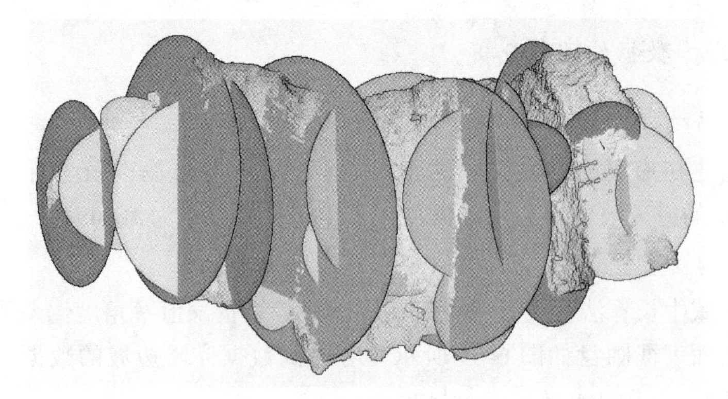

图 6-66　结构面分组结果

D 结构面分组数据统计分析

根据上述结构面识别结果，首先将结构面的产状数据统计如表 6-8 所示，每个结构面数据包含结构面的倾角、倾向、迹长等表征数据。

表 6-8 结构面产状数据统计表

编号	倾向/(°)	倾角/(°)	迹长/m	结构面几何中心坐标值（x，y，z）			间距/m
1	234.27	65.8924	4.45452	13.9740	98.9330	124.4738	0.4062
2	253.552	75.7822	4.1392	13.1855	100.8094	−124.6811	2.9514
3	244.411	78.5184	4.2030	12.908375	99.288689	−127.7499	0.0483
4	249.076	73.2716	7.1441	12.4832	101.4673	−125.5986	0.730043
5	261.115	73.6813	2.9773	9.060344	110.2902	−122.7805	2.719857
6	237.977	74.7208	4.43	10.5962	107.3281	−123.5155	0.7871
7	213.062	47.7408	4.3726	8.7950	107.3894	−126.9831	1.504
8	65.4456	61.3368	4.5488	−0.864057	120.0980	−122.5536	0.9636
9	57.9414	62.107	8.7361	17.22214	95.0136	−127.7297	0.8812
10	65.2419	71.7303	4.9311	11.1628	106.3392	−123.5052	2.8033
11	95.2695	63.4587	3.5112	−1.6424	117.7869	−125.9829	0.265344
12	74.1801	67.1701	4.2176	−1.5941	115.28088	−127.7564	1.282856
13	36.8968	66.7684	3.9579	5.9917	110.4246	−126.1519	0.253
14	88.4357	60.661	4.1258	−4.5938	116.4348	−128.8863	0.5666
15	37.1438	76.3538	3.2966	11.6513	104.6567	−123.5731	0.4885
16	35.9871	68.251	4.7831	2.6429	115.9186	−123.4875	0.8319
17	353.073	77.2504	9.2821	16.4709	95.6478	−127.6495	0.425175
18	341.742	64.5923	5.8051	10.3432	103.0568	−127.4505	0.277125
19	143.781	74.6415	3.9163	5.1105	112.0403	−125.6323	0.7885
20	158.557	61.0884	3.8106	1.8558	117.5865	−122.4541	2.4969
21	113.918	66.4064	4.70074	4.1469	114.6967	−123.3661	0.75124

进一步以上述统计数据为基础，得到结构面统计玫瑰花图和极点图如图 6-67 所示。

基于上述统计分析结果可以得到该露天矿山边坡的 5 组优势结构面产状分别为：247°∠74°；66°∠68°；35°∠71°；142°∠74°；350°∠78°。

进一步以上述优势结构面分组结果为基础，可以依据国际通用的岩体稳定性

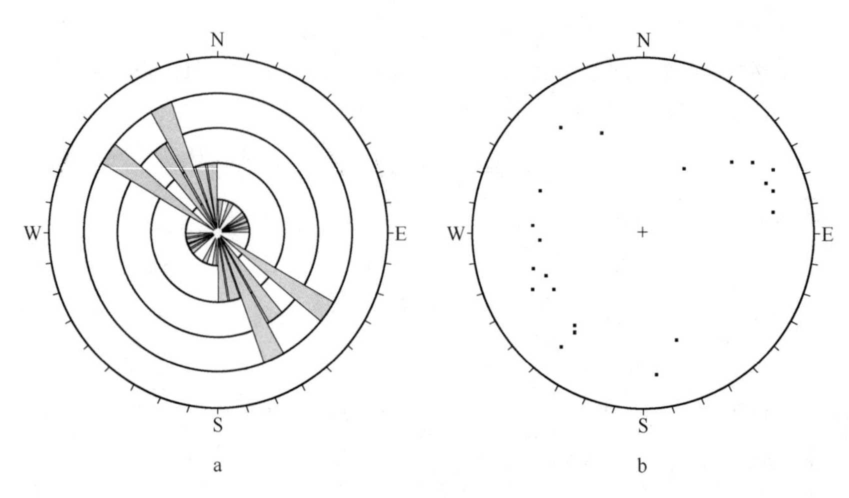

图 6-67　结构面统计图

a—玫瑰花图；b—极点图

评价标准进行边坡岩体质量分级及稳定性评价工作，对高效评价边坡稳定性，保证矿山安全具有十分重要的工程意义。

6.7　料堆精细化盘料

6.7.1　料堆精细化管理的意义

随着社会的发展和科技的进步，统计物料的方式也从原始的人工皮尺测量逐步发展为自动化测量，传统盘料的主要方式是首先将堆积的物料通过斗轮堆取料机将其处理成比较规则的梯形或者矩形，然后再通过人工用皮尺丈量得到体积再乘以密度得出重量。如此实施测量工作会受到以下问题的困扰：一是一次测量就得调动多个部门的多名员工合力进行，而且测量之前的整形、皮尺测量等工作让每次盘存工作持续几个小时，人工劳动强度较大；二是在工作环境或者气候环境比较恶劣的条件下，盘存工作不易实施；三是测量误差较高使得以十万、百万计成本资金无法真实反映；四是传统依靠人工的方式组织测量工作与先进的企业管理模式难以配合。

随着计算机技术在矿山工程中的广泛应用，矿山生产各个环节已逐步实现自动化、信息化以及数字化，降低矿山人工成本的同时也显著提升了运营管理效率。很多矿山精矿生产车间从投入使用至今，针对精矿粉量一般采用皮带秤配合人工记录运移卡车台次的方式进行管理，虽然能够粗略得到精矿粉运出量，但无法准确掌握精矿仓内实际存留矿量，一方面严重影响精矿粉运移调度计划的制定，另一方面也不利于采矿、选矿以及运移粉矿等各个生产环节的有效衔接。为此，需要借助当前先进的技术手段，可以实时准确地获取精矿仓内的存留矿量，为精矿运移计划的制定提供重要的参照数据，进而为矿山各生产环节的优化配置强化重要一环。

综上所述，亟需引入一些自动化程度高的测量方式，在节省人工成本的同时，为料仓盘料的精细化管理工作提供便利，为企业的生存和发展营造更好的环境。

6.7.2 三维激光扫描料堆盘料管理技术

三维激光扫描料堆盘料管理技术是利用三维激光扫描设备的技术特点，通过非接触快速获取待测料堆表面的三维模型，然后在圈定的区域范围内将扫描生成的三维模型与基础模型进行比对，从而得到料堆体积的一种新型技术方法。截至目前，采用三维激光扫描的方式进行料堆扫描盘料主要有两种方式：一是通过人工的方式借助三维激光扫描测量系统定期对待测料堆进行扫描，并将其与基础模型进行比对进而得到料堆体积；另外一种计算料堆体积的原理与上述方式相同，但在实际执行的过程中添加了自动化管理的理念，在物方空间坐标系中，取扫描前进方向为 X 轴，Z 轴与天顶方向一致，扫描器激光发射中心为原点，从而构成一个右手三维坐标系如图 6-68 所示。在此坐标系中，外方位元素为（X_S，Y_S，Z_S，ϕ，ω，K）。地表面至扫描中心的距离由激光扫描器测定，扫描线方向与 Z 轴夹角 θ（象空间坐标系中）由编码器记录，X 轴方向坐标由速度传感器确定。对于每一脉冲有：$x=0$，$y=S\cdot\sin\theta$，$z=-S\cdot\cos\theta$ 每一扫描点的空间坐标可按摄影测量原理中的共线方程计算：

$$\begin{bmatrix} X \\ Y \\ Z \end{bmatrix} = \begin{bmatrix} X_S \\ Y_S \\ Z_S \end{bmatrix} + \begin{bmatrix} a_1 & a_2 & a_3 \\ b_1 & b_2 & b_3 \\ c_1 & c_2 & c_3 \end{bmatrix} \begin{bmatrix} 0 \\ -S\cdot\sin\theta \\ -S \end{bmatrix}$$

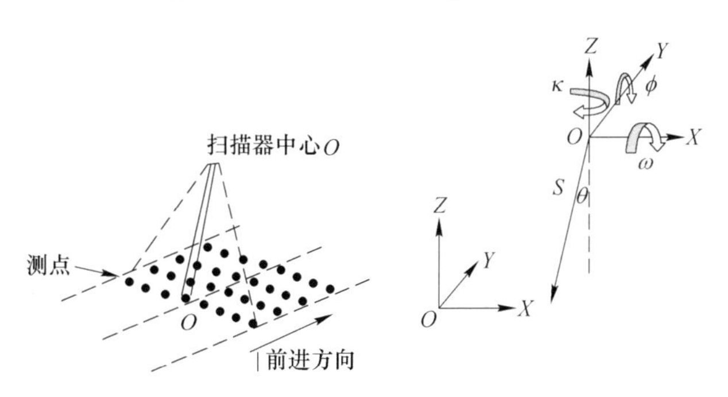

图 6-68 激光测量系统几何模型

在粉矿仓实际测量过程中，将激光测量系统搭载到固定平台上，从而使外方位元素中的角度参量及 Y_S 和 Z_S 均为定值（Z_S 为场底面至扫描器中心的距离），可在系统安装时一次性测定，简化测量和计算过程；外方位元素 X_S（由速度传感器确定）、S 和 θ 为变量。

$$
\begin{aligned}
a_1 &= \cos\phi\cos\kappa - \sin\phi\sin\omega\sin\kappa \\
a_2 &= \cos\phi\sin\kappa - \sin\phi\sin\omega\cos\kappa \\
a_3 &= -\sin\phi\cos\omega \\
b_1 &= \sin\kappa\cos\omega \\
b_2 &= \cos\omega\cos\kappa \\
b_3 &= -\sin\omega \\
c_1 &= \sin\phi\cos\kappa + \cos\phi\sin\omega\sin\kappa \\
c_2 &= -\sin\phi\sin\kappa + \cos\phi\sin\omega\cos\kappa \\
c_3 &= \cos\omega\cos\phi
\end{aligned}
$$

根据激光扫描获得的浓密测量点（约 0.1m×0.1m）构成 TIN（Triangle Irregular Network，不规则三角网），再以 TIN 网为表面生成无缝连接的五面体（顶面为斜面、底面为平面的三棱体），由 TIN 网中每个三角形三维坐标计算每个小五面体的体积，计算原理如图 6-69 所示。

$$P_i = \iint Z_i(x,\ y)\,\mathrm{d}x\mathrm{d}y$$

式中（x，y）为 TIN 网中第 i 个三角形的平面方程；或按以下简化公式：

$$P_i = S_i(x,\ y) \times 平均高$$

上式中 $S_i(x,\ y)$ 为 TIN 网中第 i 个三角形的底面积。

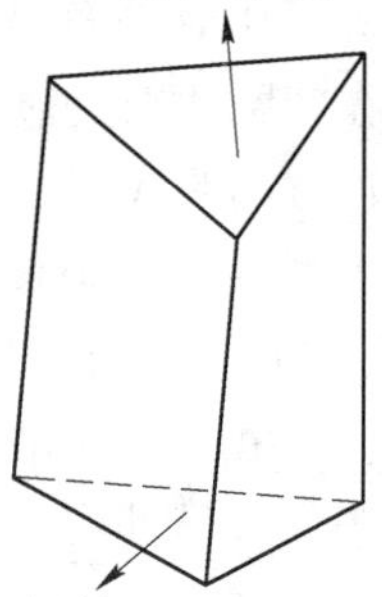

图 6-69　计算原理图

$$粉矿仓总体积 = \sum P_i(i = 1,\ 2,\ \cdots,\ N)$$

N 为三角形的总个数（也即小五面体的总个数）。

$$粉矿仓总储量 = 粉矿总体积 \times 粉矿密度$$

6.7.3 三维激光扫描辅助盘料典型案例

某铜矿属国内采用自然崩落法的典型矿山，年产铁矿石超过 12.5 万吨，其选矿产出铜精粉均集中由铜精矿仓转运处理，前期矿山统计精矿量一般采用记录铲装次数或者运输车辆数粗略估算，但由于铜精粉经选矿车间转运至铜精矿仓是动态过程，因此造成统计数据与实际产出或者残余精矿量有较大误差，为了更加准确的统计铜精粉量，以便指导矿山生产部门合理安排排产计划，需要定期对精矿仓内剩余铜精粉量进行统计计算，为此，采用三维激光扫描的方式辅助进行铜精矿体积的计算工作。

6.7.3.1 测量原理

BLSS-PE 矿用三维激光扫描测量系统的基本原理是通过发射激光脉冲到被测物表面，再检测激光脉冲反射回仪器所经过的时间差来计算距离 S，再通过设备内置精密编码器同步测量每个激光脉冲对应的横向扫描角度 α 和纵向扫描角度 θ，进而计算得到任意测量点的坐标。

$$\begin{cases} X_p = S \cdot \cos\theta \cdot \cos\alpha \\ Y_p = S \cdot \cos\theta \cdot \sin\alpha \\ Z_p = S \cdot \sin\theta \end{cases}$$

6.7.3.2 测量过程

借助 BLSS-PE 矿用三维激光扫描系统对精矿仓进行扫描，首先将得到精矿仓矿粉表面（点云高低起伏部分）及厂房空间的三维点云模型如图 6-70 所示。

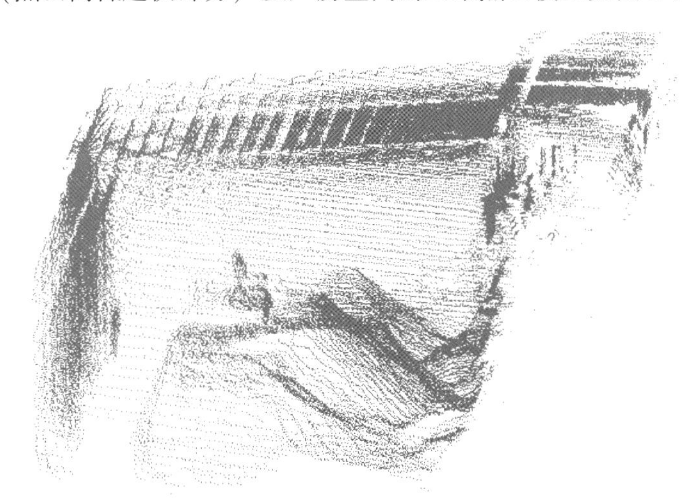

图 6-70 精矿仓扫描原始数据

6.7.3.3 处理过程

（1）建立精矿粉表面模型。按照体积计算的需要，实际需要的部分是精矿粉堆积的区域，因此我们将除精矿粉堆积区域以外的其余点云全部删除，得到如图 6-71 所示的精矿粉堆积区表面三维点云模型。

（2）建立精矿仓三维模型。按照体积计算的原理，用尺寸不同的规则块体填充由上、下以及侧面作为边界控制的三维区域，对于需要计算体积的精矿仓，上表面即精矿粉堆积表面，如图 6-72a 所示，下表面为粉矿仓的底板面，由于粉

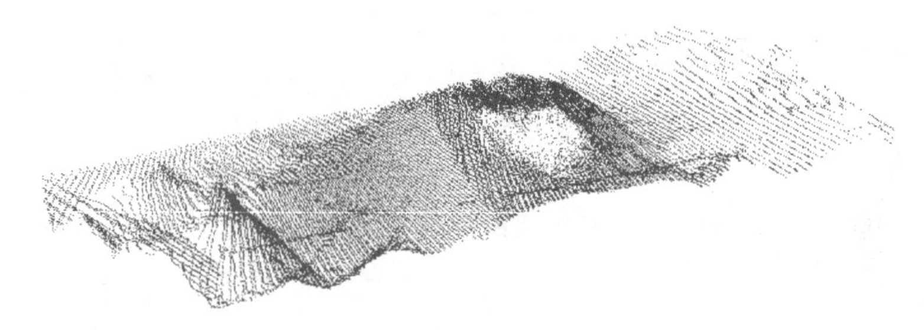

图 6-71　粉矿堆积区表面三维点云模型

矿仓是长方体形态，因此侧面垂直，形态规则不需要控制，根据图 6-72b 我们可以建立上表面三维模型，下表面的三维模型则可以通过设计平剖面图建立。

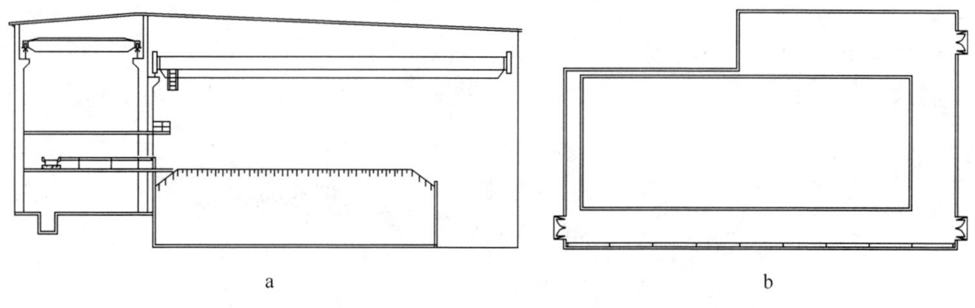

图 6-72　粉矿仓设计图
a—横剖面；b—纵剖面

根据横剖面可以确定粉矿仓的横截面边界形态，根据纵剖面可以量出粉矿仓长度，这样将横剖面拉伸并封闭粉矿仓两侧可以得到粉矿仓的三维模型如图 6-73 所示。

图 6-73　粉矿仓设计三维模型

（3）计算模型复合及体积计算。建立粉矿仓三维模型是为了通过设计模型的特征位置（墙角点）与扫描点云模型的特征点（墙角点）进行对应，从而保证精矿粉表面模型与粉矿仓的底面相对位置关系准确，如图 6-74 所示。

待扫描点云和粉矿仓设计三维模型位置关系确定后，我们便可以分别建立精

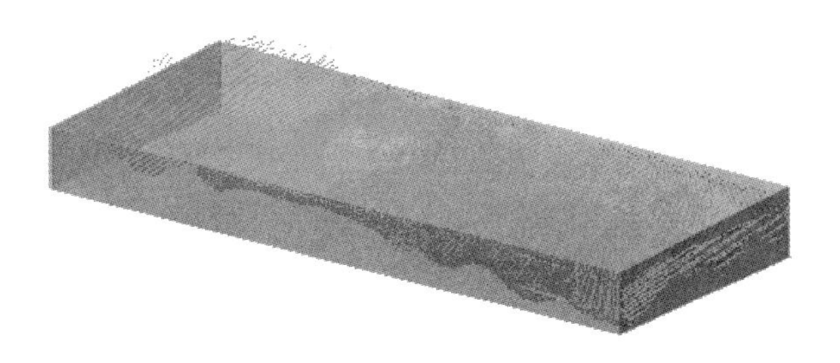

图 6-74 精矿粉表面点云与精矿仓三维模型复合

矿粉表面三维模型，粉矿仓的底面三维模型以及计算边界，如图 6-75 所示。

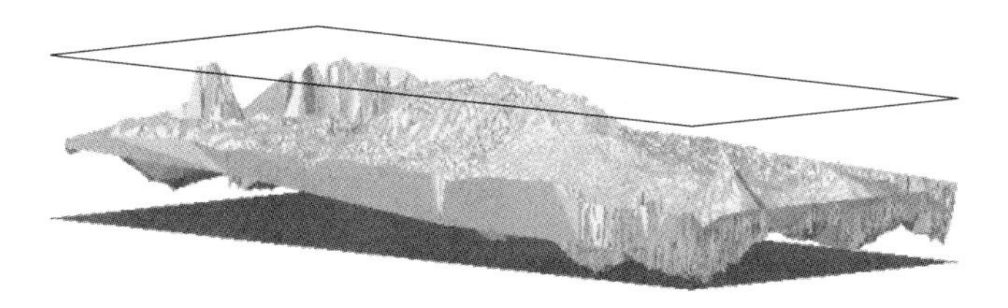

图 6-75 体积计算基础数据

其中精矿粉表面三维模型相当于开挖前的形态，粉矿仓底面相当于开挖后的形态，中间精矿粉相当于开挖的部分，这样就转化为计算开挖部分的体积，如图 6-76 所示。

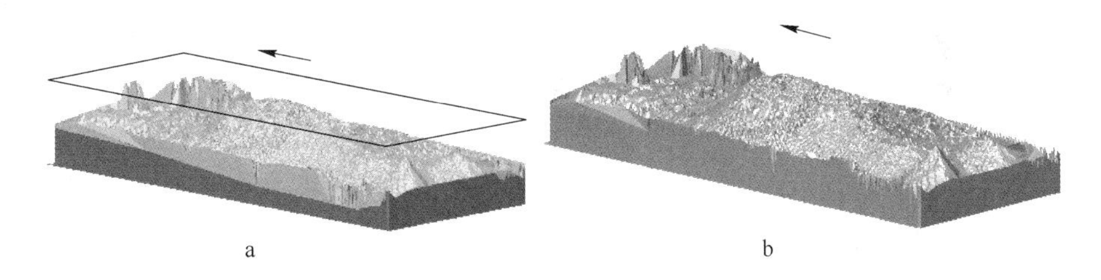

图 6-76 挖方体积计算

a—建立挖方部分三维模型；b—挖方部分三维模型

根据挖方部分的三维模型，可以直接读取挖方体积，也即精矿粉总体积。

6.8 数字矿山模型构建

6.8.1 数字矿山概念的提出及关键问题

数字化矿山是从“数字中国”“数字城市”等概念中引申出来，而逐步在国内矿山中推广的。数字化矿山也可以称为“虚拟矿山”，和微电子、网络、信息等技术动态密切相关，是指在现代化信息技术作用下，数字化“传输、存储、加工、利用”矿山信息数据与资源，将数字化数据应用到矿产资源开采、经营等多个环节，实现矿山开采经济效益最大化。同时，数字化矿山建设体现在多个方面，如采集调度、安全采集监控、经营管理等方面，数字化矿山系统平台具有数据库分析、安全监控和预警等功能。在数字化矿山建设中，数据库是其关键点，高效“集成、共享、提取”海量的矿山信息数据，随时动态监测地区矿山开采的关键性区域、人员实践操作等方面，有效预防矿产开采中的安全隐患，确保地区矿产资源开采工作顺利进行。

数字化矿山的建设以矿山数字模型构建为基础，矿山企业要根据作用到系统平台构建中的现代化信息技术，巧妙引入相关的三维矿业软件，明确系统平台构建流程，科学构建三维可视化数字模型。矿山企业要准确把握该地区铁矿山开采中极易出现的各类问题，科学整理各方面勘探资料，比如矿山深部探矿、生产勘探等。根据该地区铁矿床中矿产资源分布特点、开采要求等，合理分类获取的各类信息，科学构建合理化的地质基础数据库以及三维可视数字化模型，便于该地区铁矿资源开采过程中可以随时动态查询海量矿山地质信息、钻孔具体情况等。在此过程中，矿山企业要从实际出发，构建科学化的矿体三维实体模型，三维显示该地区铁矿开采中钻孔数据库、矿体模型，高层次地发现并处理铁矿资源开采过程中遇到的各类问题，实时深化铁矿资源开采具体环节；以“矿体三维模型”为基点，科学构建三维地表模型、铁矿采场最终境界模型，促使构建的各三维数字化模型处于统一化结构体系中，三者相互作用，不断发挥三维模型直观显示效果好的特性。在此过程中，矿山开采企业要借助构建的三维数字化模型，使其符合该地区矿产资源开采的具体要求，更好地作用到铁矿资源开采各环节。矿山企业可以借助构建的系统平台，加强该地区地质数据库管理，随时导入、更新、删除各方面地质信息数据，比如，钻探、槽探。通过三维数据采集，和其他相关三维数字化模型相互作用，动态监测该地区铁矿资源开采中人员、设备等一系列因素，及时预警铁矿资源开采中存在的安全隐患，及时得到科学处理，确保矿山开采过程的有序进行。

综上所述，结合矿山实际情况，以矿山基础三维模型构建为基础才能有效地推进数字化矿山的建设，传统一般以矿山底图为基础进行矿山三维模型的构建，但该方式工作强度大，建模结果较难与矿山生产紧密结合，亟需采用更加先进的技术手段为矿山三维模型的构建提供支撑。

6.8.2　基于激光扫描数据的矿山模型构建

数字矿山的建设需要以矿山三维模型为基础，而矿山模型涵盖从地表工业场地、设备设施、地表地形、井巷工程、矿房结构、铲装运输设备等多个场景。而三维激光扫描技术作为一种比较成熟的非接触测量技术，其能够快速获取各个场景的三维点云数据模型，通过现场扫描、点云处理（滤波、降噪及配准）、三维建模等建立高精度的且包含全部几何及特征信息的矿山工程三维模型。具体实现过程如下所述。

6.8.2.1 点云数据采集

点云数据采集是三维模型建立的基础，点云质量的好坏决定了后期建立模型的可靠程度。截至目前，针对不同的工程场景可采用不同的点云数据采集设备及方式，图 6-77 分别为针对露天采场、采空区、溜井以及地表工业场地所采用的数据采集方式。

a

b

c

d

图 6-77 现场点云数据采集

a—露天采场扫描；b—采空区扫描；c—溜井扫描；d—手持移动式扫描

6.8.2.2 数据去噪

在真实的测量环境中，恶劣天气、粉尘、设备震动对扫描仪的测量都会造成干扰，使得测量数据存在噪声。数据的噪声会对点云曲面重建效果产生很大的影响。

点云去噪是点云预处理中至关重要的步骤，点云去噪效果直接影响后期建模的精度和复杂度，去噪精度较低的点云数据重新建模后，模型表面会粗糙不堪甚至发生变形，如何在保持物体几何特征的同时有效地去除点云采集过程中受到人为操作、扫描仪自身精度限制、物体表面光滑度不同等因素的影响包含的噪声信息是点云去噪的最终目的。

针对不同种类的点云数据所采用的点云去噪算法是不尽相同的。对有序或者部分有序的点云去噪来说，常见的基本去噪方法主要有三种滤波算法：中值、均值和高斯滤波算法、维纳滤波算法以及卡尔曼滤波算法。对散乱的无序点云来说，其去噪处理方法有很多种，主要分为两种类型：一种是先对散乱数据进行格网化，然后对格网化后的数据进行去噪，另一种则是对散乱的点云数据直接进行去噪。目前为止较为经典的几种算法，即：拉普拉斯算法、双边滤波算法、平均曲率流算法和均值漂移算法。

6.8.2.3 点云的视图拼接

三维激光扫描设备的测量原理是基于光的直线传播特性，这种方法每一次只能得到待测模型表面一部分的点云数据，所以要获取整个待测模型的点云数据就要在不同的角度下进行多次测量。因为扫描设备都是在同一坐标系下进行扫描测量，并且在不同的角度下，采集的点云数据只是坐标有所变动，其他的还是一样，所以点云数据的视图拼接就等同于坐标变换问题，即通过计算得到变换后每一次的正确坐标，对不同角度下得到的点云数据进行转换拼接到当前相同的坐标系下。前者把点云作为处理目标，使用算法对齐需要转换的点云数据；后者则基于待测物体表面的几何特征来实现点云数据对齐的关系。运用最全面的直接拼接方法是ICP（Iterative Closest Point）算法。ICP算法通过搜索运动点云中的最近点来确定相对应关系。ICP算法需要待拼接点云完整的包含另外的点云，不能解决不重叠或部分重叠的问题。为了解决上面提到的疑问，可以采用基于几何特征的拼接算法，它用物体曲面的几何特征来查找相应关联，然后使用迭代计算实现刚性转化。它操作简单，效率很好，对于点云的起始坐标没有要求，点云密度不同也同样可以应用；它的缺陷是对应于没有明确的表面特征的物品没有作用（见图6-78）。

6.8.2.4 点云孔洞的修补

虽然扫描装置能够得到较紧密的点云数据，但由于噪声的存在或测量的局限性，所收集的数据通常具有一定数量的孔洞，例如，在测量过程中的支撑点

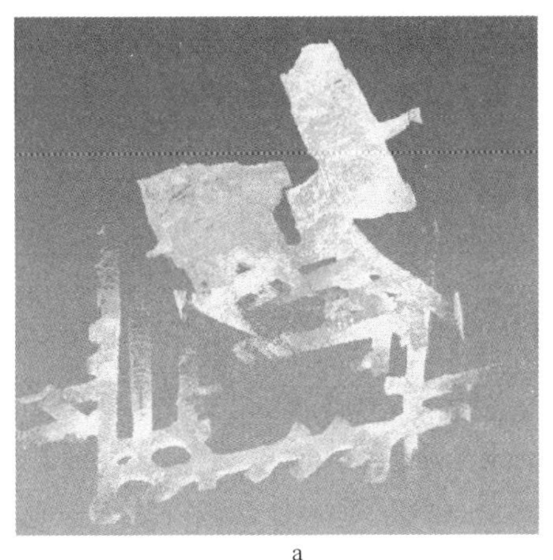

a

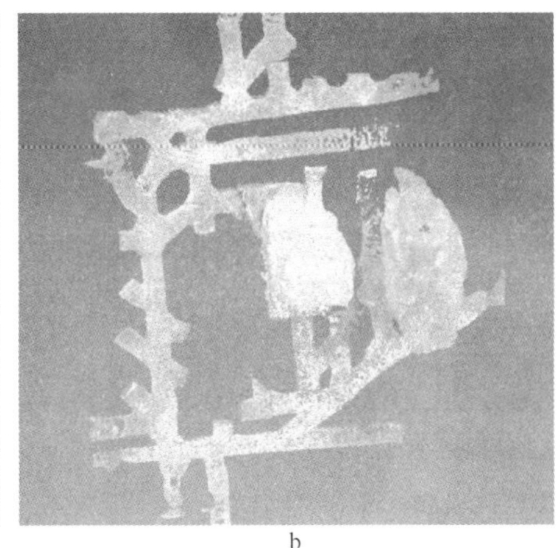

b

图 6-78 三维激光扫描点云数据

a—配准前；b—配准后

或其他遮掩的部分，得到点云数据在拼接和裁剪后会产生凹边或者毛刺，这样就会发生数据的“空白”现象。为了得到一个整体的待测物品表面，可以通过方法填充存在于数据中的孔洞。第一种方案是首先对孔洞的边缘点提取并转换为多边形，之后对这个多边形使用三角网格法进行剖分。但是这种方案的缺点是不会注意点云的特征分布，处理后的点云与原始点云不容易融合。使用扫描装置得到的点云数据不管是何种因素形成的孔洞，它周围的部分与点云数据之间都有一定的关系，并且一般孔洞的面积也非常小。所以有人提出了基于采集得到的点云数据在局部建立曲面片的方法，之后根据曲面的特性通过插值对孔洞的空白进行填补，孔洞就得到了很好的修复。它不但把孔洞周围的几何特征考虑进去了，而且可以使原始点云光滑的衔接到填充的点云上，这种方法可以很好地适应不同特征的物品，通过孔洞的高效修复，也提高了曲面重建的速度和精确性。

6.8.2.5 曲面重建

曲面重建是根据扫描装置获取的数据来还原待测物品或场景。最开始的重建算法是通过连续划分数据信息的最小边界框，之后在分割的边界框中查找面片，对面片中拥有的待测物品的表面信息进行重建。但是这种方法不但计算量巨大，而且不能应用于表面特征较多的物品，随着新的重建算法不断出现，它渐渐的被人遗弃了。现在应用较广的是基于二维 Delaunay 三角剖分算法，它可以加以延伸应用到多维场景中。比如，有人在基于 Delaunay 三角算法上，开发出利用物品局部拓扑关系，通过数据点把不相关的拓扑关系去除。由于通过三维激光扫描技术获取到的是离散点，只是包含几何信息，没有拓扑关系，无法再现实物表面，因此需要利用点云数据构建具有完整结构的矿区实体三维模型。这里需要注意的是：构建的网格步长选择一般按照扫描点间距来设置，当不需要太密的时候，诸如仅需要简单的结构或者概略状况时，也可根据实际需要适当放大步长。

图 6-79 为基于激光扫描点云数据建立的某地下矿山生产中段的巷道及采空区三维实体模型。

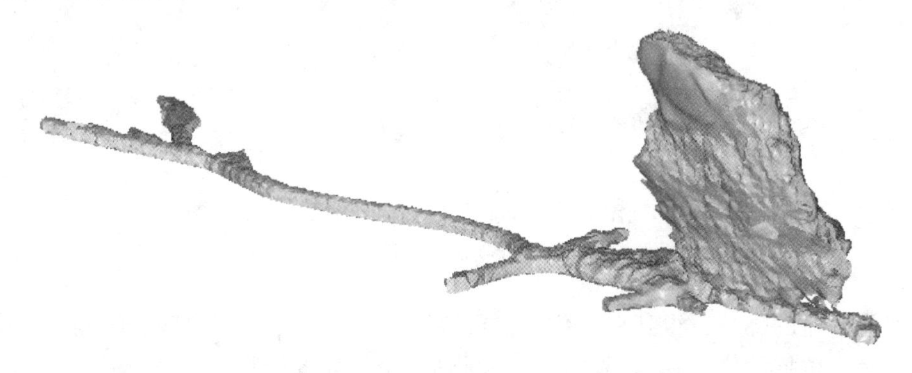

图 6-79　某地下矿山巷道及采空区三维实体模型

同样的，采用相同的流程和方法，可以得到矿山各个工程环境的三维实体模型，图 6-80 为基于三维激光扫描方式得到的某露天采场三维实体模型。

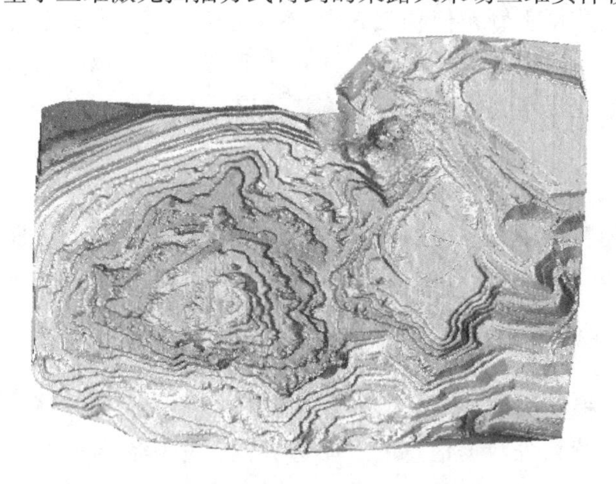

图 6-80　某露天采场三维实体模型

6.8.3　数字矿山基础模型构建应用案例

某金矿前期采用空场法回采，未进行充填，因而矿区范围内留存有大量采空区，鉴于国家对于矿山采空区普查的文件要求以及矿山后期深部采矿安全管理需要，矿山亟需摸清当前空区位置，建立采空区数字化档案，从而为下一步矿石回采提供准确设计边界，达到有效降低矿石损失贫化、保障矿山生产安全的目的。

6.8.3.1 地表模型构建

该矿山地表地形简单，主体开采区域上部纵向延伸长度约 1km，宽约 500m，地表构筑物排列错综复杂，地表植被多为低矮灌木丛，对地表地形测量影响较大，此次现场扫描测量工作采用无人机载三维激光扫描测量系统，图 6-81 为现场扫描工作图。

图 6-81 无人机三维激光扫描测量系统地表地形扫描

基于现场扫描工作，室内进行点云数据解算，经过滤波、去噪等处理得到如图 6-82 所示的地表地形三维模型。

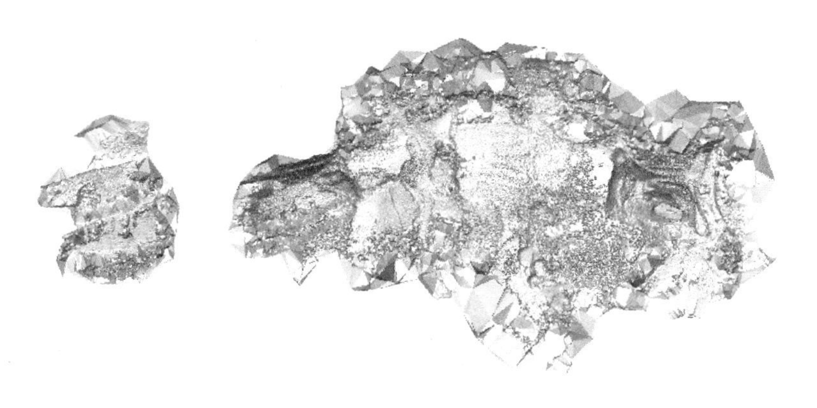

图 6-82 地表地形三维实体模型

6.8.3.2　巷道及采空区扫描

该矿山从地表向下共计包含 5 个中段，分别为 273m 中段、223m 中段、180m 中段、140m 中段、105m 中段，巷道长度约 3.0km，采空区约 25 个，现场采取架站扫描和手持移动式扫描两种方式进行，图 6-83 为现场扫描实施图。

a

b

图 6-83　现场扫描实施图
a—无人机载采空区扫描；b—手持移动式巷道扫描

基于现场扫描工作，室内进行点云数据解算，经过滤波、去噪等处理得到如图 6-84 所示的井下巷道及采空区三维模型。

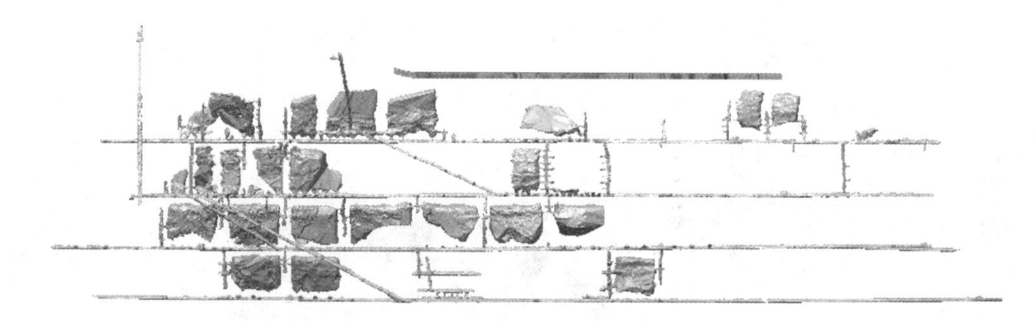

图 6-84　井下巷道及采空区三维模型

6.8.3.3　矿山工程复合模型

经过上述露天地表地形、井下采空区及巷道的现场扫描工作，将两组数据进行整合可得到该矿山包含地表地形以及井下工程结构的完整三维模型，如图 6-85 所示。

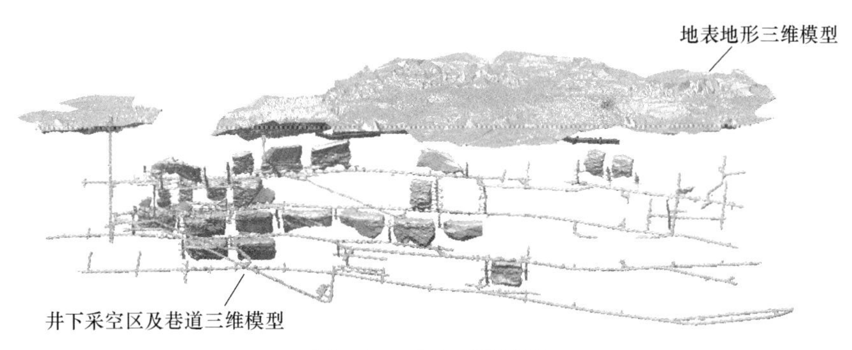

图 6-85 矿山三维模型

矿山三维模型的建立为精细刻画矿山结构，构建立体化矿山生产管理系统，保证矿山数字化建设水平奠定了坚实的基础，为促进下一阶段数字矿山建设提供了更加详实的基础数据。

参 考 文 献

[1] 孙钰科. 三维激光点云数据的处理及应用研究 [D]. 上海：上海师范大学, 2018.

[2] 韩友美, 杨伯钢. 车载移动测量系统检校理论与方法（测绘科技应用丛书）[M]. 北京：测绘出版社, 2014.

[3] 黄小川, 郑慧. 地面三维激光雷达点云误差分析及校正方法 [J]. 地理空间信息, 2009, 7 (5)：95~97.

[4] 宣伟. 地面激光点云数据质量评价与三维模型快速重建技术研究 [J]. 测绘学报, 2017, 46 (12)：1.

[5] Deschaud J E . IMLS-SLAM：scan-to-model matching based on 3D data [C]// 2018：2480~2485.

[6] 高翔, 张涛, 等. 视觉 SLAM 十四讲 [M]. 北京：电子工业出版社, 2017.

[7] 危双丰, 庞帆, 刘振彬, 等. 基于激光雷达的同时定位与地图构建方法综述 [J]. 计算机应用研究, 2020, 37 (2)：327~332.

[8] Zhang J, Singh S. Low drift and real time lidar odometry and mapping [J]. Autonomous Robots, 2017, 41 (2)：401~416.

[9] Shan T X, Brendan E. Lego-loam：Lightweight and ground optimized lidar odometry and mapping on variable terrain [C]//Proc of IEEE/RSJ International Conference on Intelligent Robots and Systems. Piscataway, NJ：IEEE Press, 2018：4758~4765.

[10] 徐鹏. 海量三维点云数据的组织与可视化研究 [D]. 南京：南京师范大学, 2013.

[11] 戴静兰. 海量点云预处理算法研究 [D]. 杭州：浙江大学, 2006.

[12] 王丽辉. 三维点云数据处理的技术研究 [D]. 北京：北京交通大学, 2011.

[13] Zhang J, Singh S. Visual lidar odometry and mapping：low-drift, robust, and fast [C]//Proc of IEEE International Conference on Robotics and Automation. Piscataway, NJ：IEEE Press, 2015：2174~2181.

[14] Ye Haoyang, Chen Yuying, Liu Ming. Tightly coupled 3D lidar inertial odometry and mapping [C] //Proc of IEEE International Conference on Robotics and Automation. Piscataway, NJ：IEEE Press, 2019：3144~3150.

[15] Zhang J, Singh S. Laser visual inertial odometry and mapping with high robustness and low drift [J]. Journal of Field Robotics, 2018, 35 (8)：1242~1264.

[16] Bogoslavskyi I, Stachniss C. Efficient online segmentation for sparse 3D laserscans [J]. Journal of Photogrammetry Remote Sensing & Geoinformation Science, 2017, 85 (1)：41~52.

[17] Cabaret L, Lacassagne L, Oudni L. A review of world's fastest connected Component Labeling Algorithms：Speed and Energy Estimation [C]// Proc of IEEE Conference on Design and Architectures for Signal and Image Processing. Piscataway, NJ：IEEE Press, 2014：1~6.

[18] Crassidis J L. Sigma point kalman filtering for integrated gps and inertialnavigation [J]. IEEE Transactions on Aerospace & Electronic Systems, 2006, 42 (2)：750~756.

[19] Zhao Sheng, Chen Yiming, Farrell J A. High precision vehicle navigation in urban environments using an mems imu and single frequency gps receiver [J]. IEEE Transactions on Intelligent Transportation Systems, 2016, 17 (10): 2854~2867.

[20] Wen Weisong, Bai Xiwei, Kan Y C, et al. Tightly coupled gnss/ins integration via factor graph and aided by fish-eye camera [J]. IEEE Transactions on Vehicular Technology, 2019, 68 (11): 10651~10662.

[21] 王晏民, 黄明, 等. 地面激光雷达与摄影测量三维重建 [M]. 北京: 科学出版社, 2018.

[22] 王晏民, 郭明, 黄明. 海量精细点云数据组织与管理 [M]. 北京: 测绘出版社, 2015.

[23] 程效军, 贾东峰, 程小龙. 海量点云数据处理理论与技术 [M]. 上海: 同济大学出版社, 2014.

[24] 吕冰, 钟若飞, 王嘉楠. 车载移动激光扫描测量产品综述 [J]. 测绘与空间地理信息, 2012, 35 (6): 184~187.

[25] 徐景中, 万幼川, 张圣望. LIDAR 地面点云的简化方法研究 [J]. 测绘信息与工程, 2008, 33 (1): 32~34.

[26] 廖丽琼, 罗德安. 地面激光雷达的数据处理及其精度分析 [I]. 四川测绘, 2004, 27 (4): 153~155.

[27] 戴炳明, 张雒, 李东石. 脉冲激光测距机的测距误差分析 [J]. 激光技术, 1999, 23 (1): 50~52.

[28] 郑德华, 沈云中, 刘春, 等. 三维激光扫描仪及其测量误差影响因素分析 [J]. 测绘工程, 2005, 14 (2): 32~35.

[29] 武汉大学测绘学院测量平差学科组. 误差理论与测量平差基础 [M]. 武汉: 武汉大学出版社, 2003.

[30] 贺磊, 余春平, 李广云. 激光扫描数据的多站配准方法 [J]. 测绘科学技术学报, 2008, 25 (6): 410~413.

[31] 王力, 李广云, 贺磊. 使用定标球的激光扫描数据配准方法 [J]. 测绘科学, 2010, 35 (5): 58~59.

[32] 李清泉. 三维空间数据的实时获取、建模与可视化 [M]. 武汉: 武汉大学出版社, 2003.

[33] Rusu R B, Cousins S. 3D is here: Point Cloud Library (PCL) [C]// IEEE International Conference on Robotics & Automation. IEEE, 2011.

[34] 王健, 陈政, 张华良. 三维点云数据的预处理研究 [J]. 科学技术创新, 2021 (22): 115~118.

[35] 孙瑞, 张彩霞. 点云数据压缩算法综述 [J]. 科技信息, 2010 (32): 253~255.

[36] 郑德华, 陈光保, 王守光. 3 维激光扫描数据处理的研究综述 [J]. 测绘与空间地理信息, 2008 (5): 1~4.

[37] 韩东升, 徐茂林, 金远航. 多源异构点云配准数据的滤波及精度分析 [J]. 测绘科学技术学报, 2020, 37 (5): 503~508.

[38] 倪愿, 杨洪, 易菊平, 等. 基于 Terrasolid 的机载激光雷达点云去噪研究 [J]. 测绘与空

间地理信息，2021，44（1）：204~209.

[39] 张玉存，李亚彬，付献斌．基于曲率约束的点云分割去噪方法［J］. 计量学报，2020，41（10）：1218~1225.

[40] Chen Y, Medioni G. Object modelling by registration of multiple range images [J]. Image & Vision Computing, 1992, 10 (3): 145~155.

[41] Olson E B. Real-time correlative scan matching [C]// Proc of IEEE International Conference on Robotics and Automation. Piscataway, NJ: IEEE Press, 2009: 4387~4393.

[42] Kohlbrecher S, Stryk O V, Meyer J, et al. A flexible and scalable SLAM system with full 3D motion estimation [C] // Proc of IEEE International Symposium on Safety Security and Rescue Robotics. Piscataway, NJ: IEEE Press, 2011: 155~160.

[43] Biber P, Strasser W. The normal distributions transform: a new approach to laser scan matching [C] // Proc of IEEE/RSJ International Conference on Intelligent Robots and Systems. Piscataway, NJ: IEEE Press, 2003: 2743~2748.

[44] Fernando M, Rudolph T, Luis M, et al. Two different tools for three-dimensional mapping: de-based scan matching and feature-based loop detection [J]. Robotica, 2014, 32 (1): 19~41.

[45] Censi A. An ICP variant using a point-to-line metric [C]// Proc of IEEE International Conference on Robotics and Automation. Piscataway, NJ: IEEE Press, 2008: 19~25.

[46] Magnusson M. The three-dimensional normal distributions transform ——an efficient representation for registration, surface analysis, and loop detection [J]. Renewable Energy, 2009, 28 (4): 655~663.

[47] 唐泽宇．基于泊松分布 K-means 聚类的点云精简算法［D］. 太原：太原理工大学，2019.

[48] 曹垚．三维激光点云数据精简算法及三角网格模型优化研究［D］. 郑州：郑州大学，2019.

[49] 唐林．三维点云数据精简与压缩的研究［D］. 南京：东南大学，2017.

[50] Qi C R, Su H, Mo K, et al. Pointnet: Deep learning on point sets for 3d classification and segmentation [C]//Proceedings of the IEEE Conference on Computer Vision and Pattern Recognition, 2017: 652~660.

[51] Landrieu L, Simonovsky M. Large-scale point cloud semantic segmentation with superpoint graphs [C]//Proceedings of the IEEE Conference on Computer Vision and Pattern Recognition, 2018: 4558~4567.

[52] Zhang J, Lin X, Ning X, Svm-based classification of segmented airborne lidar point clouds in urban areas [J]. Remote Sensing, 2013, 5 (8): 3749~3775.

[53] Weinmann M, Schmidt A, Mallet C, et al. Contextual classification of point cloud data by exploiting individual 3d neigbourhoods [C]//ISPRS Annals of the Photogrammetry, Remote Sensing and Spatial Information Sciences II-3. 2015, 2 (W4): 271~278.

[54] Wang Z, Zhang L, Fang T, et al. A multiscale and hierarchical feature extraction method for terrestrial laser scanning point cloud classification [C]// IEEE Transactions on Geoscience and

Remote Sensing, 2015, 53 (5): 2409~2425.

[55] Koppula H S, Anand A, Joachims T, et al. Semantic labeling of 3D point clouds for indoor scenes [C]//Advances in neural information processing systems, 2011: 244~252.

[56] Lu Y, Rasmussen C. Simplified markov random fields for efficient semantic labeling of 3D point clouds [C]//2012 IEEE/RSJ International Conference on Intelligent Robots and Systems, 2012: 2690~2697.

[57] Tang P, Huber D, Akinci B, et al. Automatic reconstruction of as-built building information models from laser-scanned point clouds: A review of related techniques [J]. Automation in construction, 2010, 19 (7): 829~843.

[58] Volk R, Stengel J, Schultmann F, Building information modeling (bim) for existing buildings literature review and future needs [J]. Automation in construction, 2014, 38: 109~127.

[59] Lim K, Treitz P, Wulder M, et al. Lidar remote sensing of forest structure [J]. Progress in physical geography, 2003, 27 (1): 88~106.

[60] 麻卫峰, 王金亮, 麻源源, 等. 改进 K 均值聚类的点云林木胸径提取 [J]. 测绘科学, 2021, 46 (9): 122~129.

[61] 胡雅婷, 陈营华, 宝音巴特, 等. 一种增量式 MinMax k-Means 聚类算法 [J]. 吉林大学学报 (理学版), 2021, 59 (5): 1205~1211.

[62] Hai Thanh Nguyen, et al. Improving Disease Prediction using Shallow Convolutional Neural Networks on Metagenomic Data Visualizations based on Mean-Shift Clustering Algorithm [J]. International Journal of Advanced Computer Science and Applications (IJACSA), 2020, 11 (6) .

[63] Yin Hongwei, et al. Incremental multi-view spectral clustering with sparse and connected graph learning [J]. Neural Networks, 2021, 144 : 260~270.

[64] Hu Lihua, et al. KR-DBSCAN: A density-based clustering algorithm based on reverse nearest neighbor and influencespace [J]. Expert Systems With Applications, 2021, 186.

[65] 文选跃. 基于三维激光扫描技术的隧道检测技术研究 [J]. 中华建设, 2021 (9): 148~149.

[66] 樊冰, 马良, 高群. 便携三维激光扫描仪在水土保持设施验收中的应用研究 [J]. 中国水土保持, 2021 (7): 36~38, 71.

[67] 赵兴友. 三维激光扫描仪在建筑立面测绘中的应用 [J]. 测绘与空间地理信息, 2021, 44 (S1): 206~208, 212.

[68] 邱振华, 林秀云. 基于 C-ALS 三维激光扫描的深埋隐蔽采空区空间形态探测与治理 [J]. 采矿技术, 2021, 21 (3): 145~147.

[69] 余章蓉, 王友昆, 潘俊华, 等. Trimble X7 三维激光扫描仪在建筑工程竣工测量中的应用 [J]. 测绘通报, 2021 (4): 160~163.

[70] 曾水兴. 基于 C-ALS 实测的露天溜井损伤分析与防治 [J]. 福建冶金, 2020, 49 (5): 14~17.

[71] 郭牧. 车载式三维激光路面检测系统设计与实现 [D]. 西安: 长安大学, 2020.

[72] 穆超，彭艳鹏，谢菲．Riegl VZ-1000 三维激光扫描仪在重大地质灾害测绘中的应用［J］．北京测绘，2019，33（5）：575～578.

[73] 东龙宾，王少泉，蔺帅宇，等．基于 C-ALS 的三维激光扫描技术在采空区探测中的应用［J］．有色金属（矿山部分），2019，71（2）：1～4.

[74] 王芬，郝旦．基于 RIEGL VZ-400 三维激光扫描的规划验收测量可行性分析［J］．测绘技术装备，2019，21（1）：56～59.

[75] 余成江，孙睿英．三维激光扫描仪和车载移动测量系统在工程测量中的应用［J］．测绘与空间地理信息，2019，42（1）：188～190.

[76] 石鹏卿，程灿然，胡向德，等．基于 Riegl VZ-1000 三维激光扫描仪在矿区塌陷坑监测中的应用［J］．矿山测量，2017，45（6）：7～11.

[77] 王磊．机载三维激光扫描仪中时间测量系统研究［D］．北京：中国地震局地震研究所，2017.

[78] 王吕梁，郭唐永，李世鹏，等．基于 QT 的机载三维激光扫描仪软件系统设计［J］．计算机系统应用，2017，26（4）：61～66.

[79] 周文明．Riegl VZ-1000 地面三维激光扫描仪在铁路快速地形测绘中的应用［J］．铁道勘察，2017，43（1）：16～18.

[80] 黄彬，张诚，陈尚波．基于 C-ALS 采空区探测及三维建模技术研究［J］．采矿技术，2016，16（1）：49～51.

[81] 彭林，刘波，过仕民，等．采空区 C-ALS 探测及稳定性分析［J］．矿业工程研究，2015，30（4）：5-9.

[82] 邓神宝，沈清华．RIEGL VZ-1000 三维激光扫描系统在山地地形测绘中的应用［J］．人民珠江，2015，36（4）：116～119.

[83] 肖厚藻，刘晓明，代碧波，等．基于 C-ALS 的特大溶洞三维探测及其安全分析［J］．矿冶工程，2015，35（4）：12～16，20.

[84] 徐锐，康慨，王陆军．RIEGL VZ-4000 三维激光扫描仪在水利水电工程地形测绘中的应用［J］．地矿测绘，2015，31（1）：38～40.

[85] 孙树芳，张小苏，宋岭．Optech CMS 在矿山采空区中的应用［J］．科技信息，2014（4）：198～199.

[86] 张耀平，黄彬，彭林，等．基于 C-ALS 实测的采空区稳定性数值分析［J］．采矿技术，2013，13（3）：84～87.

[87] 王旭，王昶．Riegl VZ-400 三维激光扫描仪数据的建模的研究［J］．北京测绘，2013（2）：55～57，99.

[88] 江文武，李国建．基于 C-ALS 的空区顶板覆岩冒落分析研究［J］．有色金属科学与工程，2012，3（5）：66～69，104.

[89] 姜寿山．多边形和多面体顶点法矢的数值估计［J］．计算及辅助设计与图形学学报，2002，14（8）：763～767.

[90] 贺美芳．基于散乱点云数据的曲面重建关键技术研究［D］．南京：南京航空航天大学，2006.

[91] 王强，马利庄. 平行断层轮廓线的隐函数曲面造型 [J]. 计算机辅助设计与图形学学报. 2002，14 (9)：857~860.

[92] 冯结青，赵豫红，万华根，等. 基于曲线和曲面控制的多边形物体变形反走样 [J]. 计算机学报，2005，28 (1)：60~67.

[93] 廖家志. 基于曲面约束的空间 Delaunay 三角剖分方法研究 [J]. 电子科技大学，2013.

[94] 邱春丽. 基于点云的曲面重建技术研究 [D]. 北京：北京交通大学，2014.

[95] 孙继忠，胡艳，等. 基于 Delaunay 角剖分生成 Voronoi 图算法 [J]. 中国西部网络信息技术及应用研讨会，2009，30 (1)：75~77.

[96] 喜文飞，李东升，张鸣宇. 散乱点云数据空间三角网构建方法的研究 [J]. 测绘与空间地理信息，2014，57~59.

[97] 余明. 三维离散点云数据处理技术研究 [D]. 南京：南京理工大学，2015.

[98] 张凯. 基于泊松方程的三维表面重建算法的研究 [D]. 石家庄：河北工业大学，2013.

[99] Yang B，Shang S Y. Research on Algorithm of the Point Set in the P lane Based on Delaunay Triangulation [J]. American Journal of Computational Mathematics，2012，2 (4)：336~340.

[100] Kazhdan M，Hoppe H. Screened Poisson surface reconstruction [J]. ACM Transactions on Graphics (TOG)，2013，32 (3)：29.

[101] Rusinkiewicz S，Levoy M. Qsplat A Multiresolution Point Rendering System for Large Meshes [C]. SIGGRAPH. New York：ACM Press，2000：343~352.

[102] Ohtake Y，Belyaev A，Seidel H P. An integrating approach to meshing scattered pointdata [C]. In Proceedings of 9th ACM Symposium on solid Modeling and Applications. Massachusetts：ACM Press，2005：61~69.

[103] 王俊杰，王宇楠，曹奇. 点云数据直接贴图方法探讨 [J]. 现代测绘，2011，34 (5)：22~24.

[104] 焦阳. 瓷器形状与颜色重建及网络动态展示研究 [D]. 哈尔滨：哈尔滨理工大学，2012.

[105] 杨键，张敏. 基于 OpenGL 的纹理贴图技术 [J]. 软件导刊，2011，3 (10)：169~171.

[106] 汤彬. 基于 OpenGL 的纹理映射研究 [J]. 实验室研究与探索，2006，25 (5)：576~579.

[107] 吴静. 古建筑大面积多样化纹理生成研究 [D]. 合肥：合肥工业大学，2012.

[108] 熊秋波. 不规则区域纹理提取与 3D 模型贴图 [D]. 长沙：中南林业科技大学，2010.

[109] 王元龙. 纹理生成映射技术的研究及应用 [D]. 太原：太原科技大学，2010.

[110] 周儒荣，张丽艳，苏旭. 海量散乱点的曲面重建算法研究 [J]. 软件学报，2016，12 (2)：249~255.

[111] 王艋. 基于地面三维激光点云数据的三维重构研究 [D]. 西安：长安大学，2016.

[112] 杨延涛. 基于点云的数据处理技术及三维重建研究 [D]. 邯郸：河北工程大学，2016.

[113] 唐雯. 基于三维激光扫描技术的数据处理及模型重建 [J]. 山西建筑，2018，44 (2)：209~210.

[114] Aspermont A, Bach F, El Ghaoui L. Approximation bounds for sparse principal componentanalysis [J]. Mathematical Programming, 2014, 148 (1~2): 89~110.

[115] 解世俊. 金属矿床地下开采 [M]. 2 版. 北京: 冶金工业出版社, 1986.

[116] 徐帅, 孙豁然, 李元辉, 等. 摄影技术在图纸数字化上的应用研究 [J]. 矿业研究与开发, 2009, 2: 76~78.

[117] 徐帅. 地下矿山数字开采关键技术研究 [D]. 沈阳: 东北大学, 2009.

[118] 罗周全, 罗贞焱, 徐海, 等. 采空区激光扫描信息三维可视化集成系统开发关键技术 [J]. 中南大学学报 (自然科学版), 2014, 45 (11): 3930~3935.

[119] 罗周全, 李畅, 杨彪, 等. 金属矿采空区信息获取及管理研究 [J]. 有色金属 (矿山部分), 2008, 60 (1): 7~8.

[120] 王鹤宇. 采空区地球物理勘探技术方法 [J]. 物探与化探, 2012, 36 (Z1): 34~39.

[121] 周智勇, 陈建宏, 杨立兵. 大型矿山地矿工程三维可视化模型的构建 [J]. 中南大学学报 (自然科学版), 2008, 39 (3): 423~428.

[122] 陈凯, 崔松, 杨斐文. 三维激光扫描技术在残矿回采中的应用 [J]. 有色金属 (矿山部分), 2014, 66 (5): 6~10.

[123] 张驰, 彭张, 冀虎, 等. 基于 BLSS-PE 与 FLAC^{3D}耦合建模技术的采区溜井稳定性分析 [J]. 有色金属工程, 2020, 10 (2): 92~99.

[124] 原广武, 李杰林, 张兴生. 基于 CMS 的采空区探测及残矿回采 [J]. 现代矿业, 2015, 2: 113~116.

[125] 罗周全, 刘晓明, 张木毅, 等. 大规模采场三维探测及回采指标可视化计算 [J]. 中南大学学报 (自然科学版), 2009, 40 (6): 1732~1736.

[126] Gong Jianya, Cheng Penggen, Wang Dongyang. Three dimensional modeling and application in geological exploration engineering [J]. Computers & Geosciences, 2004, 30 (4): 391~404.

[127] 陈凯, 刘晓非, 崔松. 三维激光扫描技术在粉矿仓中的应用 [J]. 有色金属 (矿山部分), 2016, 68 (2): 1~4.

[128] 张贺. 露天矿边坡位移三维激光扫描监测技术研究 [D]. 鞍山: 辽宁科技大学, 2015.

[129] 吴浩, 黄创, 张建华, 等. GNSS/GIS 集成的露天矿高边坡变形监测系统研究与应用 [J]. 武汉大学学报·信息科学版, 2015, 40 (5): 706~710.

[130] 董文文, 朱鸿鹄, 孙义杰, 等. 边坡变形监测技术现状及新进展 [J]. 工程地质学报, 2016, 24 (6): 1088~1095.

[131] 司梦元, 周银, 郭杰明, 等. 基于三维激光扫描技术的高边坡变形监测分析 [J]. 科学技术与工程, 2020, 20 (19): 7922~7927.

[132] 刘昌军, 刘会玲, 张顺福. 基于激光点云直接比较算法的边坡变形监测技术研究 [J]. 岩石力学与工程学报, 2015, 34 (增 1): 3281~3288.

[133] 荆洪迪, 李元辉, 张忠辉, 等. 基于三维激光扫描的岩体结构面信息提取 [J]. 东北大学学报 (自然科学版), 2015, 36 (2): 280~283.

[134] 葛云峰, 夏丁, 唐辉明, 等. 基于三维激光扫描技术的岩体结构面智能识别与信息提

取 [J]. 岩石力学与工程学报, 2017, 36 (12): 3050~3061.

[135] 朱海雄, 隋立春, 鲁凯翔. 三维激光扫描技术在危岩体变形监测中的应用 [J]. 测绘通报, 2017, 11: 68~71.

[136] 石晓宇, 庞长保, 崔凯, 等. 三维激光扫描技术在矿山主溜井测量中的应用 [J]. 有色金属 (矿山部分), 2018, 70 (4): 93~96.

[137] 郭超, 牛雪峰, 梁振兴, 等. 三维激光扫描技术在土方量计算中的应用 [J]. 数字技术与应用, 2013, 1: 85~86.

[138] 张驰, 陈凯, 张达, 等. 基于BLSS-PE空区探测系统的溜井垮塌分析研究 [J]. 有色金属 (矿山部分), 2018, 70 (3): 1~5.

[139] 战凯, 陈凯, 张达. 三维激光扫描技术在采空区群探测中的应用 [J]. 矿业研究与开发, 2016, 36 (2): 24~27.

[140] 戴兴国, 黄毅, 白瑛. 基于CMS及DIMINE的矿柱回采爆破设计优化 [J]. 武汉理工大学学报 (交通科学与工程版), 2013, 37 (1): 15~19.

[141] 施富强, 廖学燕, 龚志刚, 等. 三维数字化爆破质量评价技术 [J]. 工程爆破, 2016, 5: 29~31.

[142] 王健, 李雷, 姜岩. 天宝三维激光扫描技术在数字矿山中的应用探讨 [J]. 测绘通报, 2012, 10: 58~62.

[143] 孙豁然, 徐帅. 论数字矿山 [J]. 金属矿山, 2017, 2: 1~5.

[144] 僧德文, 李仲学, 张顺堂, 等. 数字矿山系统框架与关键技术研究 [J]. 金属矿山, 2005, 12: 47~50.